움직이는 김에

# 근막
## 스트레칭

NAGARA KINMAKU RELEASE written by Keita Noguchi, supervised by Yoshihisa Abo
Copyright © Keita Noguchi 2017
All rights reserved.
First published in Japan by ASA Publishing Co., Ltd., Tokyo
This Korean edition is published by arrangement with ASA Publishing Co., Ltd.,
Tokyo in care of Tuttle-Mori Agency, Inc., Tokyo through Tony International, Seoul.

감수: Yoshihisa Abo
모델: Ayaka Mochizuki, Yutaro Iba
일러스트: Chiharu Nikaidou
사진: Masumi Kawakami

# 움직이는 김에
# 근막
# 스트레칭

노구치 게이타 지음 ─ 최정주 옮김 ─ 아보 요시히사 감수

일상생활과
스트레칭을
동시에!

프로젝트A

## 쉽고 짧게 움직이는 김에 하는 근막 스트레칭

# 쉽고
# 짧게

## 움직이는 김에 하는
근막 스트레칭

# 근막 스트레칭이란 무엇인가?

## 근막이란 무엇인가?

근막이란 '근육, 뼈와 내장, 혈관과 신경 등의 부위를 기능적으로 감싸 지탱하는' 조직이다. 이 근막 조직은 몸 전체를 감싸기 때문에 '제2의 골격'이라고도 부른다.

근막은 하나의 근육만 감싸고 있지 않다. 여러 근육과 관련되어 있다. 일부혹은 한 군데라도 근막이 뻣뻣하게 움직이면 근막과 먼 부분의 기능이 낮아지기도 한다.

몸이 기능적으로 움직이는 것도 근막 덕분이다. 몸은 몇 가지 근막 덩어리가 이어져 구성되어 있다. 이 근막들이 연동하고 서로 지탱하면서 기능적으로 움직이기 때문에 몸이 제 기능을 하며 움직이는 것이다.

'근막 스트레칭'은 이렇듯 중요한 역할을 하는 근막을 '기능적으로 움직이게' 하는 것을 목적으로 한다. 굳어진 근막을 제대로 움직여 나가다 보면 몸의 움직임이 월등히 좋아진다. 즉 몸 전체가 부담 없이 유연하게 움직이기시작한다. 요즘에는 많은 운동선수 또한 근막 스트레칭을 도입해 효과를 실감하고 있다.

랩의 양 끝을 잡고 비틀면 밥은 잘 움직이지 않아요!

밥(근육)

랩(근막)

**근막의 이미지**

랩으로 감싼 밥을 상상해보자. 밥이 근육, 랩이 근막이다.

# 왜 근막 스트레칭을 해야 하는가?

## 스트레칭하지 않으면 근막은 쉽게 유착된다?

근막은 근육 또는 내장과 유착되기 쉬운 조직이다. 장시간 같은 자세로 있거나 똑같은 동작을 반복하면 딱딱하게 경직된다. 그뿐 아니라 정신적인 스트레스, 중추신경 및 호흡 기능 이상, 부상 등이 원인이 되어 분리되지 않고 몸속 조직과 붙어버린다.

유착된 근막은 '유연성'과 '부드러움'이 사라져 제 기능을 할 수 없다.

또 근막은 몸 구석구석 이어져 있어 서로 연동하며 기능을 발휘한다. 한 군데에서 유착이 일어나면 다른 부위에도 영향을 미치기 쉽다. 또한 유착된 부분과는 다른 부위의 기능이 저하되어 결과적으로 그곳에 통증이 생길 수도 있다.

일단 근막 유착이 발생하면 저절로 없어지지는 않는다. 움직임과 습관을 바꾸거나 근막 스트레칭으로 풀어주어야 한다. 평소 근막을 자주 스트레칭하면 유착을 예방할 수 있고 오랫동안 꾸준히 하면 몸의 움직임이 좋아진다.

### 스트레칭의 장점

근막이 굳으면 관절과 그 주변에 통증이 생기기 쉽다. 통증이 심해지면 서고, 앉고, 걷는 등의 일상 동작이 힘들어질 가능성도 있다.

| | | |
|---|---|---|
| 운동 퍼포먼스의 향상 | 림프 순환 향상 | 턱관절의 움직임 향상 |
| 관절의 통증 완화 | 근출력 향상 | 유연성 향상 |
| 정신적 여유 및 안정 | 호흡 기능 향상 | 정신적 의욕 향상 |

11

# 근막 스트레칭하는 방법

## 근막은 두 가지 힘을 사용해 스트레칭한다

그럼 근막을 어떻게 풀면 좋을까? 단순히 한쪽 방향으로 잡아당긴다고 효과가 나타나는 것이 아니다. 가장 중요한 것은 양쪽에서 잡아당겨 근막을 균등하게, 또 제 역할을 할 수 있게 늘여야 한다는 점이다. 슈퍼마켓 비닐봉지를 양손으로 들고 좌우로 당겨보자. 양쪽으로 균등하게 늘어난다. 이것이 바로 이상적인 스트레칭이다.

이렇듯, 근막 스트레칭을 할 때는 기본적으로 두 가지 힘을 의식해야 한다. 예를 들어 옆구리를 늘일 때는 손을 뻗어 위로 늘이는 힘, 손과 같은 쪽 다리를 뒤로 뻗는 힘, 이 두 가지 힘을 사용하는 것이다. 모든 근막 스트레칭은 상반되는 두 가지 힘을 의식해서 하면 효과가 커진다.

또 스스로 어떤 근막을 스트레칭하고 있는지 아는 것도 중요하다. 어렵게 생각하지 말고 간단하게 '옆구리야 늘어나라~'라고 상상해보자. 뇌가 확실히 그 부위를 인식할 것이다.

### 한쪽 방향으로만 스트레칭하는 것은 금물

○ 양옆으로 잡아당기면 좌우 균등하게 부하가 걸린다.

✕ 오른손 쪽으로만. 잡아당길 경우. 주름이 한쪽으로만 생긴다

비닐봉지를 양쪽으로 잡아당기는 느낌으로 스트레칭하자. 한쪽만 잡아당기면 봉지에는 더 심하게 주름이 간다. 근막도 마찬가지다.

# 다양한 상황에서 하는 근막 스트레칭

## 생활 속 근막 스트레칭의 장점

'생활 속 근막 스트레칭'은 일상생활과 직장에서 평범한 동작을 할 때 근막을 스트레칭하는 방법이다. 예를 들어 매일 아침 옷을 갈아입거나 양치질을 하거나, 출퇴근하는 시간 등 말이다. 근막 스트레칭을 할 수 있는 상황은 일상 어디에나 존재한다.

이 책은 '이때 근막 스트레칭을 할 수 있다!'를 알려준다. 일상생활 속에서 언제, 어떻게 스트레칭을 할 수 있는지 다양한 상황을 소개한다. 물론 이외의 상황에서도 근막 스트레칭을 할 수 있을 것 같다면 해도 된다! 신경 쓰이는 부분이 있다는 것 자체만으로도 몸이 스트레칭을 원한다는 증거다. 이는 근막 스트레칭의 타이밍을 더 많이 알아채 '몸을 최상의 상태로 만들려고 하는 우리의 본능'이라고도 할 수 있다.

또 '생활 속 근막 스트레칭'은 제한이 없다. 하고 싶을 때 할 수 있는 만큼 하면 된다. 별다른 준비도 필요 없고 '계속해야 하는데' 같은 심리적 압박감도 느끼지 않는다.

굼적 굼적

타이밍을 알아채면 본능이 각성합니다!

**본능으로 조정한다!**

등이 가려울 때 머리로 생각하지 않고 저절로 등을 긁는 것과 마찬가지로, 인간은 아픈 곳을 무의식중에 치료하려 하는 조정 작용을 한다. 본능적인 반응이다.

# "내가 이래!" 라고 생각한다면 근막 스트레칭을

## 생활 속 근막 스트레칭이란?

옷을 갈아입고 도시락을 먹고 컴퓨터 작업을 하는 등 '일상 동작을 하면서' 근막을 스트레칭하는 방법이다. 일상생활을 하는 김에 할 수 있어 그 무엇보다 쉽다. 별다른 준비 없이 시작할 수 있다.

### 어깨가 심하게 결린다

견갑골과 승모근이 굳어 있을 가능성이 높다. 복사기나 책상을 이용한 근막 스트레칭을 해보자.

### 몸이 나른하다

혈액순환이 잘 되지 않는다면? 옷을 갈아입으면서 몸을 쭉 펴보자.

### 살을 빼고 싶다

전신 근막 스트레칭을 통해 몸 전체를 이완시키자. 몸의 활동량이 전체적으로 늘어난다.

### 무릎 관절과 그 주변이 아프다

관절 주변 근육이 딱딱하게 굳어 있을지도 모른다. 출퇴근길, 등굣길에 에스컬레이터를 이용해 근막을 스트레칭하자.

서서 책을
읽으면서도
할 수 있다!

# 아무때나!
# 옆구리와 상완 스트레칭

책을 손에 들고 견갑골 주변과 등이 이완되는 감각을 느껴보자. 주변에 사람이 있다면 부끄럽지 않을 정도로만 하면 된다. 스트레칭을 한 뒤 등이 한결 가벼워질 것이다.

## 1 양손으로 책을 든다.

가슴 부근에서 책을 든다. 이때 팔은 구부려져도 된다.

## 2 팔을 펴고 90도로 회전시킨다.

팔을 쭉 펴고 책을 손에 든 채 90도 회전시키자. 이때 등을 살짝 구부리면서 견갑골을 앞쪽으로 밀어낸다. 반대쪽도 동일하게 한다.

※ 팔을 더 회전시키면 효과가 커진다.

## 정신력도 키우고 싶다면 도전!

부끄럽지 않다면 2번 다음에 비스듬히 양팔을 내려보자.

옆구리와
등(견갑골 주변)이
이완되는 감각을 느껴보세요!
서점을 나설 때는
몸이 가볍게 느껴져
긴장이 풀릴 거예요!

히가시나카노 침구 접골원
SPORTS LAB
원장 노구치 게이타

'사람이 사람을 치료할 때는 그냥 치료만 하는 것이 아니라, 자신의 몸을 직접 마주하게 해야 한다'. 그의 치료 방침이다. 환자나 선수의 몸과 기분을 항상 존중해야 한다고 생각해 지도자·부모·의학인끼리 정보를 공유하고 연계하는 데 적극적으로 나서고 있다.

# 편한 시간, 횟수만큼만 하자!

## 생활 속 근막 스트레칭을 시작하기 전에 주의할 점

목을 좌우로 돌려보자. 분명 불편한 곳이 있을 것이다. 목이 잘 돌아가지 않는 것은 머리에서 목, 목에서 등뼈로 이어지는 근육이 굳어 있다는 증거다. 그럴 때는 근막 스트레칭으로 근육을 이완시키자.

방법은 매우 간단하다. 이불이나 침대 위에 엎드려 고개를 옆으로 돌리고 있기만 하면 된다. 머리의 무게 때문에 자연스럽게 목 뒷부분과 옆 근육이 이완된다. 잠시 가만히 누워 목 주변이 이완되는 감각을 느껴보자. 목 결림을 예방·완화하고 목과 어깨, 등 근육에 균형이 잡힌다. 고개를 반대쪽으로도 돌려서 스트레칭하자. 정말 쉽지 않은가!

꼭 해야 한다고 생각하지 마세요! 마음의 짐이 될 뿐입니다.

### 강제로 하지 않기

'하루에 적어도 이만큼은 해야 해.' 이렇게 생각하면 오히려 부담이 되어 운동하기 힘들다. 편한 시간, 편한 횟수만큼 하면 된다.

# { 시작 전 주의 사항 }

## 1 시간과 횟수를 신경 쓰지 않는다.

'생활 속 근막 스트레칭'은 시간과 횟수를 정하지 않는다. '가능한 시간에 할 수 있는 만큼'이 기본이다. 여유가 있을 때는 조금 길게 해도 되고, 여유가 없다면 한 번만 한다. 그래도 효과가 있다. 몇 번 이상 해야 한다는 압박감이 없어 편하게 지속할 수 있다는 점이 '생활 속 근막 스트레칭'의 커다란 장점이다.

## 2 기분 좋게 느껴질 때까지만 한다.

근막이 늘어나는 정도와 느낌에는 개인차가 있다. 힘차게 늘이지 않으면 실감을 못 하는 사람도 있고 조금만 뻗어도 통증을 느끼는 사람이 있다. '몸이 풀리니까 개운하네.' 이 감각이 중요하다. 조금 아프지만 기분 좋은 정도면 된다. 스트레칭을 한 뒤 예리한 통증이 남아 있다면 지나치게 스트레칭했을 가능성이 있다.

## 3 거울을 보자.

가능하면 하루 한 번은 거울을 보면서 포즈를 취해보자. 거울을 보면 본능적으로 자세를 바로 하고 입체적으로 균형을 맞추기 위해 노력한다. 팔을 들어 올리는 포즈라도 무의식중에 양팔의 높이를 맞추려 하기 때문에 효과적인 근막 스트레칭이 된다. 자신이 지금 어느 근육을 늘이고 있는지, 포즈는 정확한지 확인도 쉽게 할 수 있다.

스트레칭을 하기 전에 익혀 두자!

# 근육의 명칭

## 흉쇄유돌근
목 앞쪽의 흉골, 쇄골부터 시작해 귀 뒤쪽으로 이어진다. 목·어깨 결림이 있는 사람은 꼭 알아두자. 왠지 모를 답답함도 이 근육을 이완시키면 해결된다.

## 소·대흉근
가슴에 있는 근육. 사실 견갑골의 움직임과 깊은 관련이 있다. 책상 업무로 인해 목·어깨 결림이 있는 사람은 이 근육을 이완시키면 좋다.

## 늑간근
늑골 하나하나를 이어준다. 호흡과 발성에 매우 중요하다.

## 엄지손가락 근육
엄지손가락 아래쪽의 부풀어 오른 근육.

## 복횡근
복부 주변에 있는 속근육으로, 체간을 안정시킨다. 달리는 데 필수인 근육.

## 대퇴사두근
무릎의 움직임에 관여한다. 등허리 통증 및 몸 전체의 피로 관리에 필요하다.

## 능형근
이름처럼 마름모꼴(능형) 모양의 속근육이다. 견갑골의 움직임에 관여한다.

## 척주기립근
거의 모든 동작에 관여한다고 볼 수 있는 근육. 복근과 함께 이완시키면 좋다.

## 상완삼두근
팔꿈치를 늘이면 드러난다. 사물을 던지는 경기를 하는 사람에게 중요하다. 목, 어깨 결림 완화에도 중요하다.

## 대전근
이 근육을 단련하거나 이완시키면 뒷모습이 예뻐진다.

## 가자미근
걷거나, 선 채로 바른 자세를 오래 유지할 때 필요한 속근육. 이 근육이 굳으면 상반신이 피로해진다.

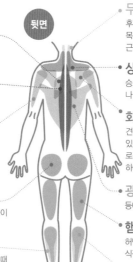

정면

뒷면

## 사각근
목 측면부터 비스듬한 앞쪽까지 이어져 있다. 호흡을 도울 뿐 아니라 목·어깨 결림 완화에 중요한 근육이다.

## 횡격막
호흡과 체간을 안정시키는 데 중요한 근육. 호흡 운동의 60%를 담당한다.

## 복사근
복부 주변에 있다. 이 근육을 이완시키면 목, 어깨, 등허리 피로와는 안녕!

## 장요근
고관절을 움직이고 바른 자세를 만드는 데 꼭 필요하다. 등허리 통증이 있는 사람은 알아두어야 할 근육이다. 장골근과 대요근을 함께 일컫는 말이다.

## 내전근군
허벅지 안쪽을 조여주며, 걷거나 뛸 때 허벅지를 앞뒤로 움직이는 근육이다.

## 두판·경판상근
후두부부터 목과 등 상부에 걸쳐 있으며, 목 결림 및 뻐근함을 관리할 때 필수적인 근육이다.

## 상부 승모근
승모근은 상부, 중부, 하부 세 부분으로 나뉜다.

## 회전근개 (견갑골 주변)
견갑골의 등 쪽을 뒤덮듯이 팔뼈에 붙어 있다. 목·어깨를 움직이기 힘들거나 피로감을 느낄 때는 이 근육의 관리가 중요하다.

## 광배근
등에 역삼각형 모양으로 펼쳐진 근육.

## 햄스트링
허벅지 뒤쪽에 있는 근육. 평소 그다지 의식적으로 사용하지 않는 근육이다.

## 비복근
이 근육이 굳으면 상반신이 피로해진다.

# PART

# 1

## 일상생활에서 할 수 있는
## 근막 스트레칭

아침에 일어나서 잠들 때까지 집 안에서 하는 생활 습관 속에는 '근막 스트
레칭'의 계기가 되는 동작이 상당히 많다. 그중에서도 특히 스트레칭 효과
가 큰 동작을 알아보자.

# 등·옆구리·상완 스트레칭

## 아침에 눈 뜨자마자 이불 속에서

**언제 하면 좋을까?**
아침에
일어나서 ①

**근육 부위**
광배근(등)
복사근(옆구리)

**스트레칭을 하고 나면?**
● 혈류가 좋아져 상쾌한 기분으로 일어날 수 있다.
● 배를 탄력 있게 만들어준다.
● 변비 해소.
● 어깨 결림 예방·통증 완화.

좌우 스트레칭을 통해 몸의 균형을 맞추자.

두둑

아침 알람 소리는 들리지만, 몸을 움직일 수가 없다? 그렇다면 옆구리 근막 스트레칭을 추천한다. 먼저 깍지 낀 손을 머리 위로 올린다. 그다음 다리를 꼬아 팔과 같은 방향으로 넘어뜨리면서 몸을 옆으로 기울이기만 하면 된다. 옆구리가 한껏 이완되어 상쾌한 기분으로 아침을 맞이할 수 있다.

옆구리에 넓게 뻗어 있는 복사근을 스트레칭하는 것이다. 복사근은 내복사근과 외복사근으로 이루어진 근육으로, 복압을 높이거나 내장의 위치를 안정시키는 데 중요한 역할을 한다. 이 근육을 풀어주면 배변을 돕는 효과가 있어 아침 배변도 문제없다! 그뿐 아니라 좌우 복사근을 이완시키면 몸의 움직임이 향상되어 기분 좋게 하루를 시작할 수 있다.

**1** 똑바로 누워 무릎을 세운다.

편한 자세로 바로 누운 뒤 무릎을 세운다.
팔은 힘을 빼고 가볍게 내려놓는다.

**2** 깍지 낀 손을 쭉 뻗고 다리를 교차시킨다.

배 앞에서 손으로 깍지를 낀 뒤 머리 위로
팔을 쭉 뻗는다. 동시에 왼쪽 다리를 오른쪽
다리 위에 걸친다.

이때 근막이
스트레칭된다!

**3** 몸과 다리를 같은 방향으로 기울인다.

2번 상태에서 교차시킨 다리를 오른쪽으
로 기울인다. 이때 상반신도 함께 오른쪽
으로 기울이자. 반대쪽도 동일하게 한다.

**스트레칭 POINT ☑**

### 다리와 몸을 기울이는 방향에 주의하자!

다리를 기울이지 않고 상반신만 구
부리거나 다리와 몸을 기울이는 방
향이 서로 다르면 늘이는 힘이 약해
지므로 근막이 잘 이완되지 않는다.

다리와 몸을 좌우 반대로 구부리면 안 된다.

# 목·어깨·등 스트레칭

## 이불을 젖히면서

**근육 부위**

두판·경판상근
(목 뒷부분)

회전근개
(견갑골 주변)

능형근
(견갑골 안)

광배근(등)

**스트레칭을 하고 나면?**

- 목의 접질림과 뻐근함 예방·통증 완화.
- 어깨 결림, 요통 예방·통증 완화.
- 호흡과 관련된 근육의 이완 효과.

똑바로

이불을 젖힐 때 광배근을 의식하자!

아침에 이불을 젖히고 몸을 일으킨다. 모든 사람이 무의식중에 매일같이 하는 행동이다. 이처럼 매일 하는 행동에 약간의 동작만 추가해도 훌륭한 근막 스트레칭이 된다. 이불이 아닌 담요여도 물론 상관없다.

먼저 똑바로 누운 자세에서 이불을 손에 쥔다. 그다음 팔을 쭉 뻗어 머리 위로 올리기만 하면 된다. 스트레칭하는 근육은 팔 근육이 아니라 광배근과 두판·경판상근이다. 팔 힘으로 올리거나 내리지 말고 견갑골을 의식하면서 움직이자.

자면서 굳어진 몸을 부드럽게 풀어줄 뿐 아니라 어깨 결림, 즉 사십·오십견 예방에도 효과적이다!

**1** 가슴 부근에서 이불 끝을
손으로 잡는다.

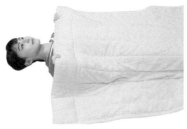

**2** 이불을 잡은 채 손을 만세
상태로 뻗는다.

만세를 하듯 팔을 머리 위로 쭉 뻗는다.

똑바로 누운 자세에서 손으로 이불 끝
을 가볍게 잡은 다음 이불을 가슴 부근
까지 끌어올린다.

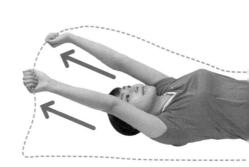

❶ 두판 · 경판상근
❷ 회전근개
❸ 광배근

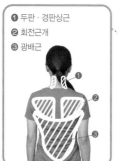

**3** 팔을 뻗은 상태에서 천천히
몸을 일으킨다.

견갑골을 앞쪽으로 밀어내는 느낌으로,
팔을 쭉 편 상태에서 등이 이완되는 감
각을 느끼며 몸을 일으킨다.

이때 근막이
스트레칭된다!

스트레칭
POINT ☑

오른쪽

왼쪽

**들어 올린 팔을 좌우로 움직여
효과를 높이자!**

자극을 더 주고 싶다면 들어 올린 팔을 좌우로 움직
여보자. 등에 걸리는 부하가 중심부에서 바깥쪽으로
이동해 스트레칭 효과가 커진다.

# 허벅지 안·목·가슴 주변 **스트레칭**

## 양치질을 하면서

**언제 하면 좋을까?**

양치질

**근육 부위**

상부 승모근
(목)

소·대흉근
(가슴)

내전근군
(허벅지 안)

**스트레칭을 하고 나면?**

● 체간이 안정되어 뛰거나 걷기 편해진다.

● 힙업 효과로 엉덩이가 예뻐지고 허벅지 라인이 살아난다.

● 목의 주름과 처짐 예방 효과.

● 어깨 결림 예방·통증 완화.

몸을 한껏 낮추어 굳어 있는 내전근군을 스트레칭하자.

치카치카

허벅지 안쪽에 있는 내전근군은 허벅지를 오므리는 동작뿐 아니라 허벅지를 앞뒤로 움직이는 동작과도 관련이 있다. 내전근군의 움직임이 나빠지면 걷기 효율이 떨어진다. 의식해서 조절하지 않으면 굳어지기 쉬운 근육이므로 양치질을 하면서 근막 스트레칭을 해보자. 평소 습관으로 만들기 쉬운 간단한 동작이므로 무리하지 않고도 쉽게 할 수 있다.

포인트는 허벅지 안쪽을 확실하게 벌리는 것이다. 몸을 낮출 때 허벅지가 자연스럽게 앞으로 오므라지는데, 주먹으로 허벅지 안쪽을 확실히 눌러주어 오므라들지 않게 하자.

**1** 정면을 바라보고 다리를 어깨너비보다 넓게 벌린다.

정면을 바라보고 다리를 어깨너비보다 넓게 벌린다. 발끝을 바깥으로 향하고 주먹을 허벅지에 확실히 댄 채 꾹 누른다.

**2** 몸을 똑바로 편 상태에서 중심을 낮춘다.

좌골(궁둥뼈)을 수직 아래로 내리는 느낌으로 몸을 낮춘다. 주먹으로는 허벅지를 계속 눌러준다.

**이때도 근막이 스트레칭된다!**

**이때 근막이 스트레칭된다!**

**3** 얼굴을 옆으로 향한다.

몸은 정면을 향한 채 가슴을 펴고 얼굴만 옆으로 향한다. 이때 주먹 쥔 쪽의 팔이 같이 따라가지 않도록(어깨는 제자리에 남겨두는 느낌으로) 가슴을 활짝 펴자.

**스트레칭 POINT ☑**

**목을 위아래로 움직여 부하를 더 걸어보자**

3번 포즈에서 턱을 가볍게 당겨 아래를 바라보자. 그런 다음 목을 뒤쪽으로 젖힌다. 자극이 가는 방향이 달라져 스트레칭 효과가 커진다.

# 옆구리·허벅지 앞·등 스트레칭
# 셔츠를 입으면서

**언제 하면 좋을까?**
셔츠 입기

**근육 부위**
광배근(등)
복횡근·복사근 (복부 주변)
대퇴사두근 (허벅지 앞)

**스트레칭을 하고 나면?**
● 요통 예방·통증 완화.
● 변비 해소.
● 복부·허벅지 주변 라인이 살아난다.
● 달리기가 빨라진다.

등, 복부 주변, 허벅지 앞 등 넓은 범위를 커버!

우리는 매일 옷을 갈아입는다. '옷을 갈아입는' 상황에서도 근막 스트레칭을 할 수 있다. 셔츠 소매에 팔을 통과시킬 때 팔부터 허벅지 앞쪽까지 있는 힘껏 늘이자. 어깻죽지와 옆구리 근막이 스트레칭된다. 양쪽 팔 모두 스트레칭하자.

근육을 늘인 채 몸을 뒤로 젖히면 하복부와 허벅지 앞쪽도 이완된다. 몸을 앞으로 구부리면 등도 이완된다. 셔츠 입는 방법을 조금만 바꿔도 상반신부터 허벅지까지 효과적으로 스트레칭할 수 있다. 혈액순환이 좋아져 몸 전체가 기분 좋게 이완된다. 또 달리기가 빨라지는 효과도 기대할 수 있어 운동하는 사람에게도 추천하는 스트레칭이다.

## 1 왼팔과 왼쪽 다리를 동시에 쭉 뻗는다.

왼쪽 다리를 한 발 뒤로 뺀 상태에서 발뒤꿈치를 들고 무릎을 가볍게 구부린다. 셔츠를 어깨에 걸친 뒤, 왼쪽 소매에 팔을 통과시키면서 왼팔을 비스듬하게 머리 오른쪽으로 쭉 편다.

무릎을 가볍게 구부리고 발뒤꿈치를 든다.

## 2 옆구리를 늘인 채 몸을 뒤로 젖힌다.

하반신은 1번 자세를 유지한 채 몸을 뒤로 젖힌다. 고관절부터 펴지도록 의식하며 젖히자. 이때 뒤쪽 다리에 체중을 싣는다.

이때 근막이 스트레칭된다!

이 발에 체중을 싣는다.

## 3 옆구리를 늘인 채 몸을 앞으로 구부린다.

옆구리를 늘인 채 천천히 몸을 앞으로 구부린다. 등에 이완되는 느낌이 들면 된다. 반대쪽도 동일하게 한다.

이때도 근막이 스트레칭된다!

배를 허벅지 위에 얹어놓는 느낌으로.

### 스트레칭 POINT ☑

## 발뒤꿈치를 떼어보자.

발을 내딛는 느낌으로 무릎을 가볍게 구부린 상태에서 뒤로 뺀 다리의 발뒤꿈치를 바닥에서 떼어보자. 이렇게 하면 스트레칭 효과가 더 커진다.

# 엉덩이와 다리 뒷면 **스트레칭**

# 바지를 입으면서

**언제 하면 좋을까?**

셔츠 입기

**근육 부위**

대전근(엉덩이)

햄스트링
(허벅지 뒤)

비복근·가자미근
(장딴지)

**스트레칭을 하고 나면?**

● 힙업 효과로 엉덩이가 예뻐진다.
● 허벅지가 단련되어 다리가 예뻐진다.
● 걷기 편해진다.

무릎이 나오지 않도록 의식하며 허벅지 라인을 정돈하자.

속옷, 반바지, 긴바지, 운동선수가 착용하는 타이츠 등 하의를 입을 때 가능한 근막 스트레칭이다.

좌골을 뒤로 빼면서 몸을 앞으로 구부려 엉덩이부터 허벅지 뒤쪽 근막까지 스트레칭하자. 또 몸을 앞으로 굽힌 자세에서 무릎을 구부리면 가자미근(장딴지 심층부), 무릎을 펴면 비복근(장딴지 표층부)이 스트레칭된다.

아침, 저녁 언제든 바지를 갈아입는 상황에서 가능하다. 아침에는 출근이나 외근길이 편해지고, 저녁에는 하반신의 긴장을 풀어주므로 숙면을 취할 수 있다.

**1** 좌골을 뒤로 빼면서 무릎을 가볍게 구부린다.

좌골
(엉덩이와
허벅지 사이)

바지나 속옷을 양손에 쥐고 다리를 어깨너비로 벌린 다음, 좌골을 뒤로 빼면서 무릎을 가볍게 구부린다. 무릎이 앞으로 튀어나오지 않도록 주의한다.

**2** 좌골을 뒤로 더 빼면서 몸을 앞으로 굽힌다.

좌골을 뒤로 빼면서 천천히 상체를 굽힌다. 이때 가능한 한 등을 구부리지 않도록 주의하자. 1~2번 움직임을 몇 차례 반복한다.

이때 근막이
스트레칭된다!

배를 허벅지 가까이 가져갔다 뗐다 하면서 1~2번을 반복한다.

**3** 몸을 구부린 상태에서 무릎을 편다.

몸을 앞으로 구부린 자세를 유지하면서 무릎을 편다. 장딴지가 이완되는 느낌이 들면 평소처럼 옷을 입는다.

스트레칭
POINT ☑

✗

**무릎을 굽힐 때 주의**

2번 자세에서 몸을 굽힐 때 무릎이 앞으로 많이 튀어나오면 잘못된 자세다. 이럴 경우 허벅지 뒤쪽이나 엉덩이에 전혀 부하가 걸리지 않으므로 주의하자.

# 등·엉덩이·다리 뒷면 **스트레칭**
# 양말을 신으면서

**근육 부위**

광배근(등)

대전근(엉덩이)

햄스트링
(허벅지 뒤)

가자미근
(장딴지)

스트레칭을 하고 나면?
- 힙업 효과로 엉덩이가 예뻐진다.
- 걷기 편해진다.
- 호흡과 관련된 근육의 이완 효과.

등을 펴고
좌골을 뒤로
빼는 느낌으로
스트레칭.

셔츠, 바지를 갈아입었다면 다음은 양말을 신을 차례. 우선 의자나 발판, 침대 등 다리를 얹을 수 있는 물건을 준비하자. 높이만 적당하다면 어떤 것을 사용해도 괜찮다. 스타킹을 신을 때도 똑같이 적용할 수 있다.

한쪽 발을 의자에 올린 다음 바지를 입을 때와 마찬가지로 좌골을 뒤로 빼는 느낌으로 몸을 앞으로 구부린다. 등과 허벅지 뒤쪽 근육이 스트레칭되어 걸을 때 편해지고, 힙업 효과로 인해 엉덩이가 예뻐진다.

이완되는 느낌이 덜 든다면 의자에서 몸을 조금 떨어뜨리거나 좌골을 뒤로 더 빼자.

## 1 의자에 한쪽 발을 올려놓는다.

양말을 들고 적당한 높이가 있는 의자나 발판에 한쪽 발을 올려놓는다. 이때 발끝은 세운다.

## 2 등을 쭉 편 채 몸을 앞으로 숙인다.

양말을 양손으로 잡은 뒤 좌골을 뒤로 빼면서 몸을 앞으로 숙인다. 이때 등은 쭉 펴자. 등과 엉덩이, 허벅지 뒤, 장딴지에 이완되는 느낌이 들어야 한다!

이때 근막이 스트레칭된다!

## 3 평소대로 양말을 신는다.

자세를 풀어도 된다. 평소처럼 양말을 신는다. 양쪽 발 모두 신는다.

---

### 스트레칭 POINT ☑

엉덩이가 가장 아래쪽 라인(손으로 잡고 있는 부위)을 의식하자.

라인을 수평으로 맞춰 뒤로 이동시키면 자연스럽게 몸이 굽혀진다.

### 몸을 올바르게 구부리는 법

'좌골을 뒤로 빼는' 느낌이 어렵다면 엉덩이 가장 아래쪽 라인을 이동시킨다고 생각하면 쉽다. 이 라인을 수평으로 이동시키면 자연스럽게 좌골이 뒤로 빠지면서 몸이 구부러진다.

# 등 스트레칭

## '잘 먹겠습니다'를 외치면서

**언제 하면 좋을까?**

식사 전

**근육 부위**

능형근
(견갑골 사이)

광배근(등)

**스트레칭을 하고 나면?**

- 어깨 결림, 등허리 통증 예방·완화.
- 마음을 차분하게 해준다.
- 호흡과 관련된 근육의 이완 효과.

식사 전 포즈로
등 통증을 완화.

흔히 식사 전에 '잘 먹겠습니다' 하고 인사를 한다. 말뿐 아니라 손을 모으고 인사하는 사람도 있을 것이다. 이 '잘 먹겠습니다' 동작에 한 가지 포즈를 더하기만 하면 간단하게 견갑골 사이와 등 근막을 스트레칭할 수 있다.

손을 모은 뒤 겨드랑이를 가볍게 조이고 팔을 앞으로 내밀자. 견갑골의 움직임을 의식하면서 팔을 움직이는 것이 포인트다. 스트레칭되는 근육은 견갑골과 등뼈 사이에 있는 능형근 및 등에 퍼져 있는 광배근으로, 둘 다 어깨의 움직임과 관련 있는 근육이다. 스트레칭을 해두면 어깨 결림 예방과 긴장 해소 효과를 기대할 수 있다.

## 1 가슴 앞에서 손을 모은다.

가슴 앞에서 손을 모으고 '잘 먹겠습니다' 포즈를 취한다. 이때 겨드랑이를 가볍게 조인다.

## 2 겨드랑이를 조인 채 팔을 앞으로 뻗는다.

옆에서 봤을 때

겨드랑이를 조인 상태에서 팔을 앞으로 뻗는다. 팔꿈치를 뻗는 것이 아니라, 견갑골을 앞으로 내미는 느낌으로 팔을 움직이자.

## 3 몸을 둥글게 말면서 인사한다.

팔꿈치를 모으면서 몸을 둥글게 말고 인사한다. 견갑골 주변에 이완되는 느낌이 들면 OK!

이때 근막이 스트레칭된다!

❶ 능형근
❷ 광배근

스트레칭 POINT ☑

### 더 부하를 주자.

인사한 자세에서 견갑골을 사용해 팔을 위아래로 움직인다. '미안해!' 하고 인사할 때의 포즈를 상상하자. 등에 더 부하가 걸려 광배근 근막의 스트레칭 효과가 커진다.

# 어깨 스트레칭
# 조미료를 집으면서

**근육 부위**

능형근
(견갑골 사이)

회전근개
(견갑골 주변)

**스트레칭을 하고 나면?**

● 어깨 걸림, 등허리 통증 예방·완화.
● 마음을 차분하게 해준다.
● 달릴 때 팔의 움직임이 부드러워진다.
● 사십·오십견 예방 및 통증 완화.

견갑골을 의식하며 팔을 뻗는 자세만으로 사십·오십견을 예방한다.

굽굽

HUNGRY

식사 중 테이블 위에 놓인 간장이나 소스를 가져오는 것은 무의식 중에 일상적으로 하는 동작이다. 이때 팔의 움직임을 조금 바꾸기만 해도 견갑골 주변 근막을 스트레칭할 수 있다.

똑바로 팔을 뻗어 조미료를 가져오는 것이 아니라, 견갑골부터 팔을 움직이는 느낌으로 우회해서 팔을 뻗자. 견갑골 주변 근육이 이완되어 이른바 사십·오십견을 예방해준다.

물론 매번 식사 때마다 할 필요는 없다. 조미료가 필요해졌을 때, 생각나서 가끔 하는 정도라도 충분히 괜찮다.

## 1 평소처럼 식탁을 정면으로 하고 앉는다.

평소대로 식사를 하고 있어도 된다. 왼손에 밥그릇, 오른손에 젓가락을 들고 있어도 된다!

## 2 견갑골을 움직여 조미료를 잡는다.

팔만 움직여 조미료를 잡지 말고, 견갑골부터 팔을 움직이는 느낌으로 잡는다. 이때 몸은 의자에 붙이고 움직이지 않는다. 가능한 한 팔이 멀리 돌아가는 느낌으로 뻗자.

**이때 근막이 스트레칭된다!**

뒤에서 보면

가능한 한 손을 우회해서 잡는다!

## 3 아래팔을 안쪽으로 비틀어 조미료를 친다.

조미료를 든 손의 팔꿈치를 가볍게 구부려 몸 앞쪽으로 끌어당긴다. 아래팔을 안쪽으로 비틀면서 조미료를 친다.

**스트레칭 POINT ☑**

### 최단 거리로 잡지 않는다.

어디까지나 견갑골부터 팔을 움직여 우회해서 뻗는 것이 중요하므로, 팔만 움직여 최단 거리로 조미료를 잡지 않도록 한다.

# 엉덩이와 다리 뒷면 **스트레칭**

# 청소기를 돌리면서

**언제 하면 좋을까?**

청소기 돌리기

**근육 부위**

대전근(엉덩이)

햄스트링
(허벅지 뒤)

비복근
(장딴지)

**스트레칭을 하고 나면?**

● 힙업 효과로 엉덩
이가 예뻐진다.
● 허벅지가 단련되어
다리가 예뻐진다.

청소를 하면서
하반신 라인도
예쁘게!

집안일 중에는 근막 스트레칭을 할 수 있는 상황이 많다. 청소기를
돌리는 자세도 효과적인 동작이다. 의식적으로 몸을 앞으로 구부
리는 동작을 취하기만 해도 허벅지 뒤쪽 근막이 스트레칭된다.
원리는 28쪽에 나와 있는 '양말을 신으면서 등·엉덩이·다리 뒷면
스트레칭'과 같다. 청소기를 돌릴 때 좌골을 뒤로 빼면서 몸을 앞
으로 구부리자. 허벅지 뒤쪽이 이완되는 느낌이 들면 스트레칭 완
료! 청소기를 멀리 밀어내는 힘과 좌골을 뒤로 빼는 힘이 서로 팽
팽하게 잡아당겨 스트레칭을 돕는다. 본체가 있는 타입의 청소기
나 바닥을 닦는 밀대를 사용해도 같은 효과를 얻을 수 있다.

**1** 똑바로 선 자세에서 왼쪽
다리를 한 발 앞으로 내민다.

오른손으로 청소기를 들고
왼쪽 다리를 한 발 앞으로
내민 뒤, 발끝을 세운다.

**2** 좌골을 뒤로 빼고 몸을 구부리면서
청소기를 앞으로 민다.

좌골을 뒤로 빼고 몸을
구부리면서 청소기를
앞쪽으로 밀어낸다. 왼
발 허벅지 뒤쪽에 이완
되는 느낌이 들면 된다!

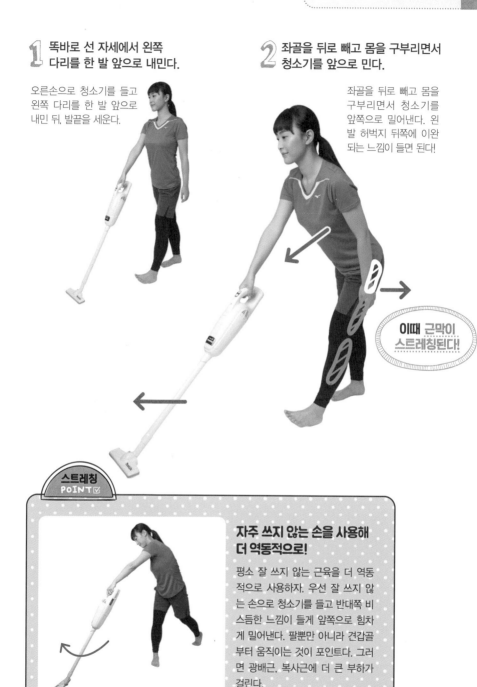

이때 근막이
스트레칭된다!

**스트레칭 POINT ☑**

### 자주 쓰지 않는 손을 사용해 더 역동적으로!

평소 잘 쓰지 않는 근육을 더 역동
적으로 사용한다. 우선 잘 쓰지 않
는 손으로 청소기를 들고 반대쪽 비
스듬한 느낌이 들게 앞으로 힘차
게 밀어낸다. 팔뿐만 아니라 견갑골
부터 움직이는 것이 포인트다. 그러
면 광배근, 복사근에 더 큰 부하가
걸린다.

# 목·어깨·등 스트레칭
## 빨래를 널면서

**언제 하면 좋을까?**

빨래 널기

**근육 부위**

두판 · 경판상근
(목 뒷부분)

능형근
(견갑골 사이)

광배근(등)

**스트레칭을 하고 나면?**

● 목의 접질림과 뻐
 근함 예방·통증
 완화.

● 사십·오십견 예방
 및 통증 완화.

● 요통 예방 및 호흡
 과 관련된 근육의
 이완 효과.

시간이 걸리므로 전부 스트레칭하면서 널 필요는 없다!

집안일 중 의외로 귀찮은 것이 바로 빨래 널기다. 빨래집게에 일일이 매다는 것은 확실히 귀찮은 일이다. 하지만 이 동작도 근막 스트레칭에 사용할 수 있다. 의식해야 할 것은 견갑골의 움직임이다. 견갑골을 둥글게 말면서 팔을 뻗어 빨래를 널자.

이때 팔을 안쪽으로 비틀면 견갑골 주변의 근막이 더 스트레칭된다. 이 움직임 하나만으로 어깨의 가동 범위가 넓어진다. 스트레칭하면서 모든 빨래를 널려고 하면 시간이 오래 걸린다. 한두 장 스트레칭하면서 너는 것만으로도 충분히 효과가 있으니 무리하지는 말자.

1 양손으로 빨래를 들고 선다.

빨래를 양손으로 든다.

다리는
자유롭게 벌려도
OK!

2 견갑골을 앞으로 벌리고 팔을 안쪽으로
비튼다.

이때 근막이
스트레칭된다!

좌골을 뒤로 빼고 몸을 구
부리면서 청소기를 앞쪽으
로 밀어낸다. 왼발 허벅지
뒤쪽에 이완되는 느낌이
들면 충분하다!

3 익숙해지면 팔을 바깥쪽으로
비틀면서 넌다.

익숙해지면 2에서 안쪽으로 비틀었던 팔을
이번에는 바깥쪽으로 비틀면서 빨래를 넌다.
이때 견갑골을 의식하면서 비틀자.

이때도 근막이
스트레칭된다!

스트레칭
POINT ☑

행거에 걸 때도 스트레칭할 수 있다!

빨래를 행거에 걸 때는 옷걸이를 잡은 손과 같
은 쪽 다리를 한 발 뒤로 빼고, 팔을 견갑골부
터 쭉 우회해 뻗으면서 건다. 광배근, 복사근,
장요근을 스트레칭할 수 있다.

# 옆구리·어깨·등 스트레칭

# 신발을 신으면서

**언제 하면 좋을까?**

신발 신기

**근육 부위**

회전근개
(견갑골 주변)

광배근(등)

복사근(옆구리)

**스트레칭을 하고 나면?**

● 호흡과 관련된 근육의 이완 효과.

● 어깨 결림, 요통 예방·통증 완화.

● 배를 탄력 있게 만들어준다.

견갑골과 옆구리에 이완되는 느낌이 들면 스트레칭 완료.

신발을 신을 때 어떤 자세를 취하는가? 허리를 구부린 채 뒤꿈치를 집어넣거나 급할 땐 선 채로 아무렇게나 발을 욱여넣을 때도 있을 것이다. 평소 별생각 없이 하던 신발을 신는 동작도 훌륭한 근막 스트레칭이 될 수 있다.

신발 뒤쪽에 비스듬하게 선 다음 좌골을 뒤로 빼는 느낌으로 몸을 앞으로 구부리자. 어깨·등·옆구리 근막이 스트레칭된다.

구두를 신을 때마다 매번 할 필요는 없다. 외출할 때는 보통 시간이 없기 마련이다. 시간이 있을 때나 가끔 생각났을 때 하면 된다.

## 1 구두를 바닥에 두고 비스듬하게 선다.

구두 뒤쪽에서 45도 각도로 발끝을 비스듬하게 두고 선다. 그런 다음, 양팔을 옆으로 돌리면서 허리를 비틀어 상반신을 구두 쪽으로 향하게 한다.

## 2 왼손으로 구두를 집는다.

하반신은 1번 상태로 둔 채 왼손을 뻗어 오른쪽 신발을 집는다. 이때 좌골을 뒤로 빼면서 몸을 앞으로 구부리자.

이때 근막이 스트레칭된다!

옆에서 봤을 때

## 3 스트레칭 후에는 평소처럼 신발을 신어도 좋다

2번 동작으로 견갑골 주변과 옆구리에 이완되는 느낌이 들어야 한다. 그 후에는 평소처럼 신발을 신는다. 시간과 여력이 있다면 왼쪽 신발로도 똑같이 도전하자!

### 스트레칭 POINT ☑

## 아예 구두를 들어 올려 신으면 엉덩이도 스트레칭된다.

2번 동작 후에 왼쪽 사진처럼 발과 신발을 들어 올려 신는 것도 좋다. 좌골을 뒤로 빼고 몸을 앞으로 구부린 자세를 의식하자. 힙업 효과로 엉덩이가 예뻐진다.

# 가슴 주변 **스트레칭**

## 현관문을 열면서

**언제 하면 좋을까?**

문 열기

**근육 부위**
소·대흉근
(가슴)

**스트레칭을 하고 나면?**
● 호흡과 관련된 근육의 이완 효과.
● 마음이 평온해진다.
● 어깨 결림, 요통 예방·통증 완화.

문을 열면서 가슴을 펴듯이 스트레칭하자!

소·대흉근은 가슴에서 어깨로 이어지는 근육으로, 옆구리를 조이거나 팔을 안쪽으로 비틀고 호흡과 관련된 근육을 돕는 등 많은 역할을 한다. 이 근육을 제대로 사용하지 못하면 새우등처럼 보이고 어깨의 긴장과 통증의 원인이 된다. 이렇게 중요한 근육인데도 사실 현대인의 생활에서 소·대흉근을 동적으로 사용하는 동작은 그다지 많지 않다.

그렇기 때문에 더더욱 평소 자주 하는 움직임을 통해 근막 스트레칭을 해보자. 포인트는 문을 손으로만 여는 것이 아니라 견갑골부터 움직여 여는 것이다.

## 1 문 앞에 서서 손잡이를 잡는다.

문 앞에 서서 손으로 손잡이를 잡는다.

## 2 문을 연다.

견갑골부터 움직여 문을 연다.

## 3 가슴을 펴면서 안으로 들어간다.

발을 내디디며 안으로 들어간다. 문을 뒤로 미는 힘과 몸이 앞으로 나아가려는 힘이 서로 팽팽하게 작용해 가슴 주변이 스트레칭된다.

이때 근막이 스트레칭된다!

### 스트레칭 POINT ☑

### 머리부터 들어가지 않는다

문을 열 때 머리부터 넣지 않도록 한다. 머리부터 들어가면 가슴을 똑바로 펼 수 없어 소·대흉근의 근막 스트레칭이 효과적으로 이루어지지 않는다.

# 등·옆구리·상완 **스트레칭**
# 미닫이문을 열면서

허리와 팔이 각각
반대로 당겨지도록
의식하자.

꾸욱

앞뒤로 여닫는 문뿐 아니라 옆으로 밀어서 여는 미닫이문으로도 근막 스트레칭을 할 수 있다. 방법은 매우 간단하다! 문을 열기 전에 한 동작만 더 추가하면 된다.

스트레칭하는 근육은 등에 있는 광배근과 옆구리의 복사근, 상완에 있는 상완삼두근이다. 복사근은 내장의 위치를 적절하게 유지하는 역할을 하므로 체형에도 영향을 미친다. 볼록 나온 뱃살의 원인이 복사근인 경우도 있다. 근막 스트레칭으로 자극을 주자.

또 상완삼두근이 굳으면 팔을 구부리고 뻗는 동작이 힘들어지고 어깨를 들어올리기 힘들어진다.

**1** 미닫이문 앞에 서서 손잡이에 팔을 뻗는다.

손잡이에서 조금 떨어져 선 다음, 손잡이에서 먼 쪽에 있는 팔을 뻗는다.

**2** 골반을 옆으로 밀면서 몸을 기울인다.

팔은 안쪽으로 비튼다.

**이때 근막이 스트레칭된다!**

골반을 옆으로 밀면서 몸을 기울인다. 이때 손은 견갑골부터 뻗는 느낌으로 손잡이에 올린다. 등, 옆구리, 상완 주변에 이완되는 느낌이 들어야 한다.

**3** 미닫이문을 연다.

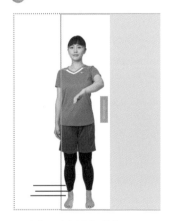

그 상태로 미닫이문을 연다.

**스트레칭 POINT**

**엇갈려 움직이는 느낌으로!**

스트레칭을 올바르게 하기 위해 허리가 왼쪽, 팔이 오른쪽으로 엇갈려 당겨지는 느낌으로 움직이자. 반대쪽으로 여는 미닫이문의 경우는 그 반대 방향으로 한다.

# 옆구리와 목 **스트레칭**
# 장을 보면서

근육 부위

**두판·경판상근**
(목 뒷부분)

**상부 승모근**
(목, 어깨)

**복사근**(옆구리)

스트레칭을 하고 나면?

● 목의 접질림과 뻐
근함 예방·통증
완화.

● 목 주름과 처짐 예
방 효과.

● 배를 탄력 있게 만
들어준다.

● 목, 어깨 결림 예
방·통증 완화.

장 볼 때 카트를
밀면서 요통과
목 결림을 예방.

마트에서 장을 볼 때 보통 카트를 이용한다. 카트를 밀면서 진열대
의 채소와 생선, 고기를 고르지 않는가? 이때 몸과 목의 방향을 의
식하자. 카트가 앞으로 나아가는 힘과 진열대를 향해 몸을 비트는
힘이 대치되어 옆구리 근막이 스트레칭된다.

게다가 고개를 기울이면 목 주변 근육도 스트레칭된다. 이때 스트
레칭되는 근육은 목부터 등 심층부에 걸쳐 있는 두판·경판상근이
다. 이 근육들이 굳으면 목의 움직임이 나빠져 목 결림과 통증을 유
발한다. 카트를 사용해 장을 보면서 간편하게 스트레칭을 해보자.

## 1 진행 방향을 향해 평소처럼 카트를 민다.

가슴을 펴고 몸의 축을 바르게 한다.

## 2 몸을 진열대 쪽으로 향한다.

카트를 조금씩 계속 밀면서 몸을 진열대 쪽으로 돌려 허리를 카트와 반대 방향이 되도록 한다.

이때 근막이 스트레칭된다!

힘의 방향

힘의 방향

## 3 목을 기울여 목 근막을 스트레칭한다.

이때도 근막이 스트레칭된다!

왼쪽 어깨를 보듯이 고개를 기울인다

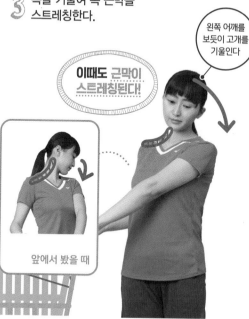

앞에서 봤을 때

진열대를 보면서 왼쪽 어깨를 보듯이 고개를 진행 방향과 반대쪽으로 기울인다. 기분 좋게 이완되는 느낌이 들면 목이 스트레칭되고 있다는 증거다. 스트레칭이 끝나면 천천히 몸을 제자리로 되돌린다.

스트레칭 POINT ☑

## 어깨를 안쪽으로 밀지 않는다.

진열대를 볼 때 등을 둥글게 말면 어깨가 안쪽으로 밀려 목 주변을 효과적으로 스트레칭할 수 없다. 가슴을 펴 똑바로 서도록 의식하자.

# 어깨·등·옆구리 스트레칭

# 장바구니를 들면서

**근육 부위**

회전근개
(견갑골 주변)

광배근(등)

복사근(옆구리)

**스트레칭을 하고 나면?**

● 어깨 결림, 요통
  예방·통증 완화.
● 호흡과 관련된 근
  육의 이완 효과.
● 배를 탄력 있게 만
  들어준다.

장바구니의 무게를 이용해 견갑골의 가동 범위를 넓히자.

장을 보고 돌아오면서 별생각 없이 들고 있는 장바구니. 무거운 음식 재료와 생활용품 때문에 절로 불평이 나오는 것도 무리가 아니다. 하지만 이 무게를 이용해서 할 수 있는 근막 스트레칭이 있다. 장바구니를 든 팔을 안쪽으로 비틀고 몸을 기울여보자. 장바구니의 무게 때문에 팔이 쉽게 당겨진다. 이 움직임으로 인해 견갑골 주변 근육과 배의 광배근, 옆구리의 복사근이 스트레칭된다. 견갑골, 광배근을 이완시키면 어깨 관절의 가동 범위가 넓어져 어깨 결림도 예방할 수 있다. 또 장을 많이 봐서 양손으로 짐을 들어야 할 경우에도 마찬가지로 스트레칭할 수 있다.

**1** 장바구니를 한 손으로 든다.

오른손으로 장
바구니를 들고
몸의 축을 바르
게 하고 선다.

**2** 팔을 안쪽으로 비튼다.

장바구니를 든 팔을
안쪽으로 비튼다. 이때
견갑골을 앞으로 내미
는 느낌으로 움직인다.

**3** 장바구니와 반대 방향으로
몸을 기울인다.

팔을 안쪽으로 비튼 상
태에서 몸을 장바구니
반대쪽으로 기울이면
옆구리가 스트레칭된
다. 반대쪽 손으로도 동
일하게 반복한다.

**이때 근막이
스트레칭된다!**

**❶** 회전근개
**❷** 광배근

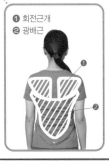

**스트레칭
POINT ☑**

회전근개
스트레칭

짐의 무게를 느끼면서 상완을 안
쪽으로 비튼다. 손목으로만 비틀면
안된다.

승모근, 광배근 스트레칭

팔이 아니라 견갑골을 움직이는 느
낌으로 어깨를 든다.

**양손으로 들 경우에…**

장바구니를 양손으로 들 경우는 양
쪽 어깨를 올렸다 내리는 동작, 양팔
을 안쪽으로 비트는 동작이 효과적
이다. 견갑골과 팔을 움직여 승모근,
회전근개, 광배근을 스트레칭하자.

PART
1 | 점심

# 가슴 주변 **스트레칭**
## 운전 중 휴식을 취하면서

**언제 하면 좋을까?**
운전 중
휴식을 취할 때

**근육 부위**
소·대흉근
(가슴)

**스트레칭을 하고 나면?**
- 목, 어깨 결림 예방·통증 완화.
- 자세가 좋아진다.
- 졸음 방지.
- 어깨·팔꿈치의 부담이 줄어든다(구기 종목 등 손으로 도구를 던지는 스포츠를 하는 사람).

머리 받침대를 사용해 장시간 운전의 피로와 졸음을 쫓자...

※ 시동을 끈 상태에서 한다.

장시간 같은 자세로 차를 운전하면 아무래도 몸이 뻣뻣하게 굳는다. 아무리 고속도로 휴게소 같은 곳에서 휴식을 취한다 해도 뻐근해진 목과 어깨는 좀처럼 풀리지 않는다. 그럴 때 추천하는 것이 소·대흉근의 근막 스트레칭이다. 조수석 머리 받침대에 팔을 대고 가슴을 앞으로 활짝 내밀자. 그것만으로도 충분하다.

소·대흉근을 이완시키면 자세가 좋아져 목과 어깨 결림이 개선된다. 경직된 몸을 푸는 데 최적의 방법이다. 졸음을 쫓는 효과도 기대할 수 있다.

다만 스트레칭을 할 경우, 차를 안전한 장소에 정차·주차한 뒤에 하자.

## 1 왼손(혹은 오른손)을 조수석 머리 받침대에 댄다.

손바닥이 앞쪽을 향하도록 머리 받침대에 대고, 가슴을 앞으로 내민다. 가슴 부근에 이완되는 느낌이 들어야 한다.

손 모양은 이렇게

**이때 근막이 스트레칭된다!**

## 2 팔을 비틀면서 가슴 주변을 늘인다.

장바구니를 든 팔을 안쪽으로 비튼다. 이때 견갑골을 앞으로 내미는 느낌으로 움직인다.

손 모양은 이렇게

스트레칭되는 부위가 이 부근으로 바뀐다.

### 스트레칭 POINT ☑

## 가슴을 내미는 방법

왼손을 머리 받침대에 대고 어깨를 앞으로 밀어내듯이 움직이자. 반대쪽도 스트레칭하고 싶을 경우는 조수석에 앉아 운전석 머리 받침대를 사용해 스트레칭한다.

* 일본은 운전석이 오른쪽에 있어 손의 위치가 다르다.

# 복부 주변 **스트레칭**

## 누워서 TV를 보면서

언제 하면 좋을까?

TV 볼 때①

### 근육 부위

**횡격막**
(폐 바로 아래)

**복횡근·복사근**
(복부 주변)

#### 스트레칭을 하고 나면?

- 배를 탄력 있게 만들어준다.
- 목소리가 잘 나오게 된다.
- 변비 해소.
- 서 있을 때 안정감이 느껴진다.

한쪽만 하지 말고 좌우 모두 스트레칭하자.

TV를 볼 때 뒹굴면서 팔꿈치로 바닥을 짚은 자세에서도 근막 스트레칭을 할 수 있다.

옆으로 누운 자세에서 배를 바닥에 붙이듯이 몸을 기울인 다음, 겨드랑이를 약간 벌려 바닥에 짚은 팔꿈치를 멀리 밀어낸다. 배가 바닥에 닿으면 심호흡을 해 배를 부풀리자. 횡격막과 복부 주변이 스트레칭된다.

배 주변이 굳으면 일어섰을 때 자세가 안정되지 않는다. 스트레칭을 통해 안정감을 되찾자.

또 횡격막은 발성에도 영향을 미친다. 프레젠테이션 전날 이 근막 스트레칭을 하면 좋다. 성우나 무대에 서는 배우에게도 추천한다.

## 1 팔꿈치를 짚은 자세로 눕는다.

팔꿈치를 바닥에 대고 자연스러운 자세로 눕는다. 무릎은 조금 구부린다.

## 2 복부를 아래쪽으로 돌려 바닥에 댄다.

팔꿈치를 머리 위쪽으로 이동시키면서 배를 바닥에 댄다. 바닥에 닿으면 심호흡을 해 배를 부풀린다.

이때 근막이 스트레칭된다!

점차 뒤쪽으로 벌린다.

## 3 오른발을 뒤로 뻗어 더 부하를 건다.

2번 자세에서 아래쪽 다리를 뒤로 벌려 부하를 더한다. 한 번 더 심호흡하며 스트레칭한다. 반대쪽도 동일하게 한다.

### 스트레칭 POINT ☑

**팔베개는 금물이다.**

배를 바닥에 댈 때 팔꿈치는 세워 머리를 위쪽으로 이동시킨다. 팔베개를 해서 머리의 위치가 낮아지면 스트레칭 효과를 얻을 수 없으므로 주의하자.

# 옆구리와 허벅지 **스트레칭**

# 러그 위에 뒹굴면서

**근육 부위**

복사근(옆구리)

대퇴사두근
(허벅지 앞)

내전근군
(허벅지 안)

스트레칭을 하고 나면?

● 배를 탄력 있게 만
  들어준다.
● 요통 예방·통증
  완화.
● 골반의 뒤틀림 개선.
● 등, 어깨 결림 예
  방·통증 완화.

조금 다르게
뒹굴거리기만 해도
어깨 결림을
예방할 수 있다.

러그나 카펫 위에서 뒹굴거리며 TV를 볼 때 자세에 조금 변화를
줘보자. 옆으로 앉아 배를 앞으로 내밀면서 뒤로 몸을 젖히기만 하
면 된다. 이 동작으로 복부와 허벅지 앞쪽 근막이 스트레칭된다.
이 부위들은 어긋났을 때 모두 어깨와 등, 골반 주변 근육의 긴장
과 통증, 요통의 원인이 된다. TV를 볼 때 간단하게 스트레칭해두
면 이러한 증상들을 예방할 수 있다.
흔히들 아는 방법으로 앞쪽 허벅지를 스트레칭하면 편하다. 근막
스트레칭의 경우 허벅지 앞부분을 반대쪽 다리의 뒤꿈치로 누르면
힘이 상반되어 효과적으로 스트레칭할 수 있다.

## 1 TV를 보면서 앉는다.

얼굴은 TV 쪽을 향해 몸을 비스듬히 한 다음, 다리를 편하게 두고 앉는다.

## 2 하복부를 내밀면서 몸을 뒤로 젖힌다.

오른팔로 바닥을 짚고 하복부를 내밀면서 몸을 뒤로 젖힌다. 이때 오른발 뒤꿈치로 왼쪽 허벅지 아랫부분을 고정하면 옆구리와 복부, 허벅지 앞쪽에 부하가 걸린다.

허벅지가 돌아가려 하므로 발뒤꿈치로 눌러준다.

아래팔로 바닥을 짚는다.

이때 근막이 스트레칭된다!

## 3 배꼽은 천장을 향하게 하고 가슴을 활짝 편다.

2번 자세에서 배꼽이 천장을 향하도록 자세를 바꾼다. 왼쪽 무릎이 구부러져 왼발 허벅지 앞쪽에 더 부하가 걸린다. 반대쪽도 동일하게 한다.

### 허벅지 안쪽 스트레칭법

2, 3에서 왼쪽 허벅지가 제자리로 돌아가려는 힘이 생기므로, 오른발 뒤꿈치로 왼쪽 허벅지를 눌러보자. 왼쪽 허벅지의 각도가 커져 스트레칭하는 힘이 커진다.

# 가슴 주변과 엄지손가락 **스트레칭**

# 목욕을 마친 뒤

언제 하면 좋을까?

**목욕을 끝낸 뒤**

**근육 부위**

무지굴근·내전근
·외전근(손바닥에서
엄지손가락 아랫부분)

소·대흉근
(가슴)

스트레칭을 하고 나면?

● 마음이 평온해진다.
● 목, 어깨 결림 예
   방·통증 완화.
● 스마트폰 사용으
   로 피곤해진 손바
   닥과 팔을 편하게
   해준다.

목욕 수건
잡는 법에 주의하여
가슴과 손바닥
근막을 스트레칭.

목욕이 끝난 직후는 근막 스트레칭을 하기에 가장 좋은 상태다. 목
욕 수건을 사용해 소·대흉근 스트레칭을 해보자. 수건 끝을 잡고
크게 좌우로 펼친다. 수건 양끝을 잡고 바깥과 뒤쪽으로 잡아당기
는 동작을 의식하며 벌리자. 가슴이 활짝 펴지며 소·대흉근이 이완
된다. 가능하면 거울을 보며 하자. 자연스럽게 좌우 어깨의 높이와
전체의 균형이 맞추어진다.

소·대흉근이 이완되면 수건을 다르게 잡고 다시 한번 가슴을 활짝
편다. 스마트폰 때문에 피곤해진 손바닥 근육(무지굴근 및 무지내
전근·외전근)이 스트레칭되어 팔이 편안해진다.

## 1 목욕 수건을 잡고 좌우로 크게 펼친다.

엄지손가락을 제외한 4개의 손가락으로 목욕 수건 끝부분을 잡는다. 수건을 좌우로 크게 펼치고 가슴을 활짝 연다.

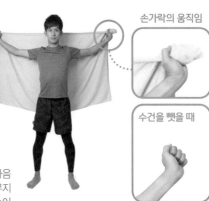

손가락의 움직임

수건을 뺏을 때

## 2 잡는 법을 달리해서 크게 펼친다.

엄지손가락을 감싸는 느낌으로 수건을 쥔 다음 팔을 다시 양옆으로 벌린다. 엄지손가락의 무지굴근·내전근이 스트레칭된다. 수건을 쥔 양손이 어느 정도 떨어져 있는 편이 엄지손가락 이완에 도움이 된다.

**이때 근막이 스트레칭된다!**

손가락의 움직임

수건을 뺏을 때

옆에서 봤을 때

손가락의 움직임

## 3 다시 한번 수건 잡는 법을 바꿔 펼친다.

엄지손가락의 지문이 있는 부분으로 수건 끝을 쥐고 가슴을 편다. 엄지손가락의 무지외전근이 스트레칭된다.

수건을 뺏을 때

# 어깨·등·허리 스트레칭

## 침대에서 쉬면서

근육 부위

**회전근개**
(견갑골 주변)

**광배근**(등)

**척주기립근**
(등에서 허리)

스트레칭을 하고 나면?

● 호흡과 관련된 근육의 이완 효과.
● 수면 유도가 잘 된다.
● 어깨 결림, 요통 예방·통증 완화.

2단계 스트레칭으로 등 전체의 긴장을 풀자.

목욕도 끝냈겠다, 이제 자는 일만 남았다. 이때 추천하는 것이 바로 이불과 침대에서 할 수 있는 근막 스트레칭이다.

우선은 등 스트레칭부터 해보자. 팔을 펴고 엎드린 자세에서 허리를 뒤로 빼자. 견갑골부터 시작해 등 중심이 이완된다. 여기서 등을 둥글게 말면 허리도 이완된다. 상반신 뒷면이 전체적으로 스트레칭되므로 정신적인 안정감을 얻을 수 있어 몸과 마음이 모두 편해진다. 이 상태로 잠들면 숙면도 취할 수 있다. 더 나아가 양질의 수면을 취하고 싶다면 시신경(제2뇌신경)을 자극하지 않아야 하니, 씻고 나온 뒤에는 스마트폰을 보지 않는 편이 좋다.

# 1 팔을 펴고 엎드린 자세를 취한다.

팔을 어깨너비로 벌리고 바닥을 짚은 채 엎드린다. 팔과 다리의 거리가 가까우면 스트레칭 효과가 떨어지므로 주의한다.

# 2 허리를 뒤로 뺀다.

엉덩이를 발뒤꿈치 가까이 가져가는 느낌으로 팔을 남겨둔 채 허리를 뒤로 뺀다. 견갑골 주변 근육, 광배근이 스트레칭된다.

이때 근막이
스트레칭된다!

# 3 등을 둥글게 구부린다.

허리를 뒤로 뺀 상태로 등을 둥글게 만다. 등부터 허리 아랫부분에 걸쳐 스트레칭해 나간다.

# 4 앞으로 돌아가면서 등을 더 구부린다.

뒤에 있던 허리의 위치를 앞쪽으로 되돌리면서 등을 더 둥글게 만다. 등과 견갑골이 강하게 스트레칭된다.

## 스트레칭 POINT ☑

A

엄지손가락을 위로 향하게 세우고 새끼손가락으로 바닥을 짚는다.

B

손가락 끝만 사용해 손을 앞으로 이동시킨다.

## 견갑골 주변 근육과 등을 더 효과적으로 스트레칭해보자.

2번 동작에서 허리를 뒤로 뺄 때 A, B 두 가지 방법을 추가하면 견갑골 주변과 등을 더 효과적으로 스트레칭할 수 있다. 가능하다면 두 방법 모두 도전해보자.

# 목 스트레칭

## 침대에서 쉬면서

**언제 하면 좋을까?**

자기 전 ②

**근육 부위**

두판·경판상근
(목 뒷부분)

**스트레칭을 하고 나면?**

- 목의 접질림과 뼈 근함 예방·통증 완화.
- 어깨 결림, 요통 예방·통증 완화.
- 호흡과 관련된 근육의 이완 효과.
- 턱관절 증후군 예방.

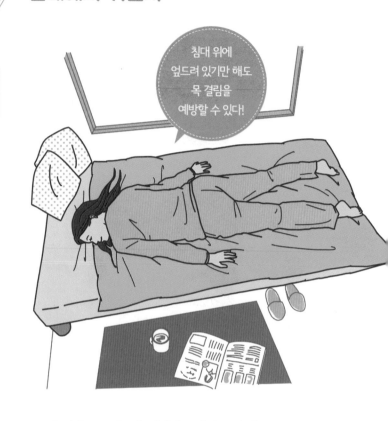

침대 위에 엎드려 있기만 해도 목 결림을 예방할 수 있다!

목을 좌우로 돌려보자. 어딘가 불편한 곳이 있을 것이다. 목이 잘 돌아가지 않는다면 머리에서 목, 목에서 등뼈로 이어진 근육이 굳어 있다는 증거다. 그럴 때는 근막 스트레칭으로 근육을 이완시키자.
방법은 매우 간단하다. 이불이나 침대 위에 엎드려 고개를 옆으로 돌리고 있기만 하면 된다. 머리의 무게 때문에 자연스럽게 목 뒷부분과 옆 근육이 이완된다. 잠시 가만히 누워 목 주변이 이완되는 감각을 느껴보자. 목 결림을 예방·완화하고 목과 어깨, 등 근육에 균형이 잡힌다. 고개를 반대쪽으로도 돌려서 스트레칭하자.

**1** 얼굴을 아래로 향한 채 바닥에 엎드린다.

침대나 이불 위에 엎드린다. 얼굴, 손바닥을 아래로 향한 채 몸의 힘을 뺀다.

**2** 고개를 옆으로 돌려 볼이 침대에 닿게 한다.

바닥에 엎드린 채 고개를 돌려 볼이 침대에 닿게 한다. 목의 옆과 뒷부분에 이완되는 감각을 느끼면서 자세를 유지한다.

**이때 근막이 스트레칭된다!**

**3** 얼굴이 닿는 위치를 바꾼다.

침대에 닿는 얼굴의 위치가 볼보다 더 귀 쪽이 되도록 고개를 깊이 돌린다. 목 주변이 더 세게 이완되어야 한다. 반대쪽도 동일하게 한다.

**이때도 근막이 스트레칭된다!**

**스트레칭 POINT ☑**

침대에 닿는 위치

## 얼굴이 닿는 위치를 조금씩 이동시키자.

엎드렸을 때 얼굴이 바닥에 닿는 위치를 볼부터 귀까지 조금씩 이동시키자. 또 턱을 올리거나 내려 각도를 바꿔주면 더 자극이 되어 스트레칭 효과가 커진다.

# 복부 주변 **스트레칭**

## 침대에서 쉬면서

**근육 부위**

**복사근**
(옆구리)

**장요근**
(복부 심층부)

**스트레칭을 하고 나면?**
● 배를 탄력 있게 만
들어준다.
● 몸의 긴장이 풀려 숙
면을 취할 수 있다.
● 요통 예방 · 통증
완화

한 팔을 뻗고
한쪽 무릎을 올리기만
해도 복부 주변이
정돈된다.

자기 전 힐링 타임은 이제 끝! 드디어 잠들 시간이다. 그 전에 새로
운 습관으로 근막 스트레칭 하나만 더 추가해보자.
침대에서 천장을 보고 누워 오른손과 오른발 혹은 왼손과 왼발을
한껏 위아래로 뻗어보자. 복부 앞면과 측면에 있는 복사근이 스트
레칭되어, 요통을 예방하고 올바른 자세를 되찾는 데 도움을 준다.
이때 왼발을 가볍게 구부리면 포즈를 취하기 쉽다. 무엇보다 기분
좋게 긴장이 풀어진 몸을 한번 경험하면 이제 멈출 수 없을 것이
다! 자기 직전 스트레칭하면 숙면 효과도 커진다. 추천하는 근막
스트레칭이다.

**1** 침대 위에 똑바로 눕는다.

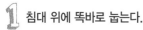

힘을 빼고 편안한 기분으로 천장을 보고 눕는다.

**2** 오른손을 위로, 오른발을 아래로 뻗는다.

이때 근막이 스트레칭된다!

손은 바닥에서 띄워도 OK

왼쪽 무릎을 가볍게 세우고 오른손을 위로 뻗으면서 오른발을 아래로 뻗는다. 복부와 다리 모두 늘이는 느낌으로 뻗는다.

**3** 배를 누르면서 위로 끌어당긴다.

2번 동작에서 왼손으로 배를 누른 채 위로 끌어당긴다. 누른 부분을 위로 당김으로써 그 아랫부분이 강하게 스트레칭된다. 반대쪽도 동일하게 한다.

이때도 근막이 스트레칭된다!

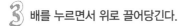

**스트레칭 POINT ☑**

✕

**발끝은 세우지 않는다.**

발을 뻗을 때 발끝은 세우지 말고 뒤꿈치를 바닥 쪽으로 내린다. 허벅지부터 시작해 발 전체를 아래로 늘이는 느낌으로 한다. 그러면 복부에 걸리는 부하가 커진다.

# 운동 선수가 하는 근막 스트레칭!

프로 운동선수가 효과를 입증한 근막 스트레칭을 소개한다.
물론 누구나 할 수 있는 간단한 동작이다. 꼭 따라 해보기 바란다.

## 1 앞을 보고 똑바로 선다.

## 2 오른팔과 왼발을 앞으로 내민다.

몸의 축을 바로 하고 똑바로 선다.

**▶ ▶ ▶ 뒤에서 보면**

견갑골부터 늘이는 느낌으로,

발을 세워 뒤꿈치를 아래로 내리자.

오른팔을 안으로 비틀면서 견갑골부터 앞쪽으로 내민다. 왼발은 살짝 들어 뒤꿈치를 아래로 내린 자세를 유지한다. 좌우 번갈아가며 몇 차례 반복한다.

"이 스트레칭으로 몸에 남아 있던 불필요한 힘이 사라져 위화감이 없어졌을 뿐 아니라 몸이 굉장히 효율적으로 움직이게 되었어요. 온몸의 톱니바퀴가 제대로 맞는 느낌이에요." 경보 올림픽 일본 대표인 오카다 구미코 선수(빅카메라 소속)의 말이다. 경보에서는 상체와 하반신이 잘 연동되어 움직이지 않으면 생각대로 원활하게 걸을 수 없다. 그래서 이 스트레칭을 시작했더니 몸의 톱니바퀴가 제대로 맞물려 지금은 시합 직전에 워밍업으로 반드시 한다고 한다. 사진처럼 방법은 매우 간단하다. 프로 선수가 아니더라도 아침 출근 전, 회의 전, 숙취로 고생할 때 등 여러 상황에서 활용할 수 있다.

이 스트레칭을 배운 뒤부터 시합 전에는 반드시 합니다!

**오카다 구미코**
(岡田久美子, 빅카메라 소속)

경보 선수.
2016년 리우데자네이루 올림픽 여자 20km 경보 일본 대표로 선출. 2015년 베이징 세계육상선수권대회 출전 및 일본선수권대회 3연패, 그밖에 각종 대회의 우승 경험을 보유하고 있다.

# PART

# 2

## 직장에서 할 수 있는
### 근막 스트레칭

사무실 등 직장에서도 근막 스트레칭에 응용할 수 있는 동작이 매우 많다.
집과는 달리 긴장되는 상황이 꽤 많으므로 릴랙싱 효과가 있는 운동법도
다수 소개한다!

## PART 2 | 출근

# 어깨와 팔 **스트레칭**
# 지하철을 기다리면서

**언제 하면 좋을까?**
지하철을
기다리며

**근육 부위**
회전근개
(견갑골 주변)

상완삼두근
(상완)

**스트레칭을 하고 나면?**
● 어깨 결림 예방·통
  증 완화.
● 사십·오십견 예방
  및 통증 완화.
● 호흡이 편해진다.

지하철을
기다리는 시간에
가방을 이용해 간단히
스트레칭하자.

출근길, 역에서 지하철을 기다리는 동안 무엇을 하는가? 스마트폰
을 사용하거나 독서를 하는가? 개중에는 잠에서 덜 깬 눈으로 멍
하니 서 있는 사람도 있을 것이다. 지하철을 기다리는 시간에 가방
을 이용한 근막 스트레칭을 추천한다. 이 스트레칭으로 팔과 견갑
골 주변 근육을 풀어주면, 잠에서 깰 뿐 아니라 만원 지하철을 탈
때의 긴장도 풀 수 있다. 또 어깨 결림과 팔꿈치 통증을 예방하고
사십·오십견도 예방할 수 있다.
포인트는 가방 손잡이를 잡고 견갑골을 앞으로 내미는 동작이다.
이 동작만으로도 팔이 안쪽으로 이완되어 견갑골 주변 근육이 스
트레칭된다.

※ 가방을 앞뒤, 좌우로 움직일 때는 반드시 주변을 확인하자.

## 1 왼손을 안으로 비틀어 가방 손잡이를 잡는다.

오른손은 평소처럼, 왼손은 안쪽으로 비틀어 가방 손잡이를 잡는다. 사진을 참고로 하자.

## 2 양팔을 안으로 비틀어 가방을 세로로 놓는다.

견갑골을 앞으로 내밀면서 양팔을 안쪽으로 비튼다. 이때 오른손과 왼손은 나란히 하고, 가방은 세로로 놓는다. 그런 다음, 팔을 들어 올린다.

**이때 근막이 스트레칭된다!**

옆에서 봤을 때

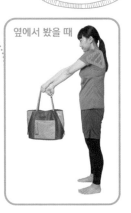

**이때도 근막이 스트레칭된다!**

## 3 양팔을 가볍게 좌우로 흔든다.

2번에서 들어 올린 양팔을 좌우로 가볍게 흔든다. 견갑골에 부하가 걸리는 위치가 바뀌어 스트레칭 효과가 커진다. 좌우 손을 바꿔 동일하게 반복한다.

---

### 스트레칭 POINT ☑

◎

새끼손가락이 보일 정도로 안쪽으로 확실히 비튼다

✕

손목을 제대로 젖히지 않으면 팔에 부하가 걸리지 않는다

### 손목을 확실히 젖히자.

팔에 제대로 부하가 걸리게 하려면 손목을 젖혀야 한다. 오른손 새끼손가락이 정면에서 보일 정도로 안쪽으로 비튼다.

# 어깨와 옆구리 **스트레칭**
## 손잡이를 잡으면서

**언제 하면 좋을까?**

지하철에서
서서 갈 때

**근육 부위**

회전근개
(견갑골 주변)

복사근
(옆구리)

**스트레칭을 하고 나면?**

● 요통 예방·통증 완화.
● 배를 탄력 있게 만 들어준다.
● 변비 해소.

지하철 진행
방향을 의식하면서
손잡이를 사용해
스트레칭하자.

※ 남에게 피해를 주지 않도록
지하철 안이 혼잡할 때는 피하자.

지하철에서 서서 갈 때는 시간이 잘 가지 않는다. 앉아서 간다면 눈을 좀 붙일 수도 있겠지만 서서 손잡이를 잡고 간다면 잘 수도 없다. 하지만 이 붕 뜬 시간과 지하철의 흔들림도 근막 스트레칭을 하기에는 안성맞춤이다.

간단히 말하면 손잡이에 비스듬하게 매달리기만 하면 된다. 진행 방향을 향해 몸을 기울여 옆구리를 스트레칭하자. 지하철 안에서 는 진행 방향 반대쪽으로 잡아당기는 힘이 작용하기 때문에 몸을 기울이기 편하다. 몸을 기울일 때는 발을 교차시키는 것이 포인트 다. 몸을 똑바로 유지하려는 힘이 작용하므로 옆구리에 부하가 잘 걸리게 된다.

**1** 손잡이를 잡고 몸을 진행 방향 쪽으로 기울인다.

진행 방향 반대쪽 손으로 손잡이를 잡고 진행 방향을 향해 몸을 살짝 기울인다. 이때 다리는 교차시킨다.

진행 방향

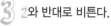

**2** 손등을 앞쪽으로 향한다.

**3** 2와 반대로 비튼다.

팔을 2번과 반대 방향으로 비튼다. 부하가 걸리는 부위가 바뀌어 스트레칭 효과가 커진다.

이때도 근막이 스트레칭된다!

이때 근막이 스트레칭된다!

사진처럼 손잡이를 잡은 손의 손등이 앞을 향하도록 비튼다.

스트레칭 POINT ☑

### 손잡이 위를 잡아 더 부하를 걸자.

키가 큰 사람이라면 손잡이 위를 잡아보자. 그만큼 팔을 뻗게 되므로 옆구리에 걸리는 부하가 커져 복사근의 스트레칭 효과가 커진다. 잡는 법은 사진을 참고로 하자.

# PART 2 출근

## 어깨·늑골·등 스트레칭
## 지하철에서 자리에 앉으면서

**언제 하면 좋을까?**
지하철에서
앉아서 갈 때

**근육 부위**
회전근개
(견갑골 주변)

늑간근
(늑골 주변)

광배근(등)

**스트레칭을 하고 나면?**
● 어깨 결림 예방·
  통증 완화.
● 마음이 평온해진다.

자리가 좁을 때,
아예 몸을 더
움츠려보자!

지하철 빈자리! 한 자리가 났는데 좁게 느껴져서 앉아 있기 힘들고 옆 사람의 팔과 어깨가 닿아 민망할 때가 있다. 하지만 이럴 때도 근막 스트레칭이 도움이 된다.

앉을 때 아예 몸을 더 움츠려보자. 견갑골을 앞으로 벌리는 자세를 의식하면서 등을 둥글게 만다. 그러면 견갑골 주변이 스트레칭된다. 천천히, 그리고 힘차게 심호흡을 하고 난 뒤 움츠렸던 자세를 원래대로 되돌리자. 몸과 마음이 풀어져 자리가 좁아도 느긋한 기분으로 스트레스 없이 앉아 갈 수 있게 된다.

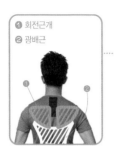

① 회전근개
② 광배근

## 1 몸을 구부린 채 자리에 앉는다.

견갑골을 앞으로 벌리면서 몸을 둥글게 만다. 양손 손등 을 붙여 다리 사이에 넣는다.

**이때 근막이 스트레칭된다!**

## 2 몸을 움츠린 채 심호흡한다.

몸을 움츠린 상태 로 심호흡을 한 다. 코로 숨을 들 이마셨다가 입으 로 뱉어낸다. 늑 간근이 이완되어 마음이 안정된다.

들이 마시기

뱉기

**이때도 근막이 스트레칭된다!**

## 3 평소 자세로 돌아온다.

작게 움츠렸던 몸을 원래대로 되 돌린다. 옆 사람과 붙어 있어도 스트레스 없이 앉을 수 있다.

### 스트레칭 POINT ☑

### 앉는 법에 주의하자.

이 스트레칭은 '움츠리고 앉았다가 평소 자세로 돌 아오는 것'이 가장 큰 포 인트다. 좁은 자리에서 몸 을 펴고 넓게 앉아 스트레 칭을 하면 다른 사람에게 피해를 준다. 좁은 자리를 활용한 스트레칭이라는 점을 유념하자.

**PART 2 출근**

# 다리 뒷면 **스트레칭**

## 에스컬레이터를 타면서

**언제 하면 좋을까?**

에스컬레이터를
타고 올라갈 때

**근육 부위**

**햄스트링**
(허벅지 뒤)

**가자미근**
(장딴지)

**스트레칭을 하고 나면?**

● 요통 예방·통증
  완화.
● 무릎 통증 예방·
  통증 완화.

허벅지 뒤
간단 스트레칭!
외근 시의 피로도
줄여준다!

영업직 중 외근을 하거나 서서 일하는 사람은 하루 동안 꽤 많은 거리를 걷게 된다. 일이 끝나고 나면 다리와 허리가 아픈 사람도 많다.

그런 사람들에게 에스컬레이터를 사용한 근막 스트레칭을 추천한다. 허벅지 뒤를 자극하는 것이다. 허벅지 뒤쪽에 있는 햄스트링은 걷거나 점프를 할 때 사용하는 근육으로, 많이 걸으면 당연히 피곤해진다. 그 결과 골반이 뒤로 당겨져 허리와 등에 피로가 쌓인다. 에스컬레이터에서 한쪽 발을 앞 계단에 올리고 좌골을 뒤로 빼면서 몸을 앞으로 구부린 자세를 취하기만 하면 된다. 몇 초 동안만이라도 이완되는 느낌이 들면 충분하다.

## 1 한 발을 앞 계단 위에 올려놓는다.

에스컬레이터에 타서 한 발을 앞 계단 위에 올려놓는다.

## 2 좌골을 뒤로 빼고 몸을 구부린다.

아래쪽 다리의 발뒤꿈치를 내리고 좌골을 뒤로 빼면 서 몸을 앞으로 구부린다. 이때 등이 둥글게 말리지 않도록 주의하자. 아래쪽 다리 허벅지 뒤쪽에 이완 되는 느낌이 들어야 한다.

이때 근막이 스트레칭된다!

발뒤꿈치를 내린다.

## 3 발끝을 들고 몸을 더 앞으로 기울인다.

부하를 더 걸고 싶다면 앞 계단 에 올린 다리의 발끝을 세우고 몸 을 앞으로 더 기울이자. 그러면 장 딴지의 가자미근도 스트레칭된다. 반대쪽도 동일하게 한다.

이때 근막이 스트레칭된다!

스트레칭 POINT ☑

### 힘주는 법

좌골(엉덩이 가장 아래쪽 라인)을 뒤로 빼 는 느낌으로 몸을 앞으로 기울인다.

# 어깨와 등 스트레칭
## 계단을 내려가면서

**언제 하면 좋을까?**
계단을
내려갈 때

**근육 부위**

회전근개
(견갑골 주변)

광배근
(등)

**스트레칭을 하고 나면?**

- 목과 어깨 결림, 요통 예방·통증 완화.
- 전신의 혈액순환이 좋아져 긴장이 풀린다.
- 호흡과 관련된 근육의 이완 효과.

포인트는 몸의 힘을 모두 빼는 느낌으로 계단을 내려가는 것!

터덜

터덜

회사에서 중요한 프레젠테이션이나 규모가 큰 거래를 앞두고 있다면 누구나 긴장이 된다. 그런 날에는 역이나 회사에서 계단을 사용해 스트레칭해보자. 견갑골을 있는 힘껏 올렸다가 계단을 한 발 내려가면서 힘을 빼고 어깨를 내린다. 견갑골의 움직임으로 인해 어깨와 등이 스트레칭된다.

포인트는 몸보다 조금 늦게 어깨가 내려와야 한다는 점이다. 다리가 착지함과 동시에 어깨와 팔이 내려오는 것이 이상적이다.

어깨와 등 주변 스트레칭이 중심이지만, 전신에 리듬이 생겨 긴장도 알맞게 풀린다. 회의나 상담, 시합 전 등 정신적으로 긴장을 풀어야 할 상황에 하면 좋은 스트레칭이다.

## 1 견갑골부터 어깨를 들어 올린다.

계단에서 한 발을 앞으로 내밀면서 견갑골을 의식해 어깨를 들어 올린다.

## 2 발을 내디디면서 어깨의 힘을 뺀다.

발을 아래로 내리면서 어깨 힘을 뺀다. 계단을 내려가는 리듬에 맞춰 힘을 빼면 더 쉽다.

이때 근막이 스트레칭된다!

❶ 회전근개
❷ 광배근

## 3 발을 바닥에 대는 것과 동시에 어깨를 내린다.

아래 계단에 발을 댄다. 발이 바닥에 닿는 것과 동시에 어깨도 떨어뜨린다.

---

스트레칭 POINT ☑

 ▶  ▶

### 어깨가 늦게 내려오는 느낌이란?

어깨가 늦게 내려오는 느낌은 점프를 해 보면 쉽게 알 수 있다. 어깨를 들어 올리면서 점프하면, 내려올 때 발이 먼저 바닥에 닿고 조금 뒤에 어깨가 내려온다.

좌→우로 연속된 사진.
어깨가 나중에 내려오는 것을 알 수 있다.

# 어깨와 등 **스트레칭**

## 앉은 채 기지개를 켜면서

**근육 부위**

회전근개
(견갑골 주변 근육)

광배근
(등)

**스트레칭을 하고 나면?**

● 목과 어깨 결림,
요통 예방·통증
완화.

● 등 긴장 완화.

● 호흡과 관련된 근
육의 이완 효과.

어깨 주변과 등의
긴장을 줄이고,
머리도 맑게 해준다!

사무실 근무가 중심인 회사원의 고민은 뭐니 뭐니 해도 긴장된 책
상 업무 때문에 뻣뻣해지는 몸일 것이다. 컴퓨터와 서류 업무로 인
해 어깨와 허리가 딱딱하게 굳는 사람도 많다.

그럴 때 양손 늘이기를 추천한다. 몸 앞에서 양손을 깍지 끼고 견
갑골을 앞으로 벌린 상태로 몸을 구부린다. 그러면서 팔을 머리 위
로 올리기만 하면 된다. 견갑골 주변 근육이 깜짝 놀랄 정도로 이
완되는 것을 느낄 수 있다.

어깨 주변과 등의 긴장도 풀어주므로 책상 업무를 할 때 기분 전환
에 안성맞춤이다. 또 잠을 쫓는 데도 효과적이다. 상쾌한 기분으로
일을 계속할 수 있을 것이다.

## 1 몸 앞에서 양손을 깍지 낀다.

의자에 앉은 채 양손을 뻗어 몸 앞에서 깍지를 낀다.

## 2 견갑골을 의식하며 등을 둥글게 만다.

등을 둥글게 말면서 견갑골을 앞쪽으로 벌린다. 이때 팔꿈치는 조금 구부러져도 괜찮다.

**이때 근막이 스트레칭된다!**

① 회전근개
② 광배근

## 3 깍지 낀 손을 머리 위로 올린다.

몸을 구부린 채 깍지 낀 손을 머리 위로 들어 올린다. 견갑골 주변에 자극이 커진다.

**이때도 근막이 스트레칭된다!**

스트레칭 POINT ☑

### 몸을 기울여 복사근도 함께 스트레칭하자!

③에서 팔을 머리 위로 올린 뒤 몸을 원래대로 편다. 그 상태로 몸을 옆으로 기울이자. 견갑골뿐만 아니라 복사근도 스트레칭할 수 있다.

# 옆구리 스트레칭

## 회전의자에 앉아서

**근육 부위**

복사근
(옆구리)

**스트레칭을 하고 나면?**

● 배를 탄력 있게 만
들어준다.
● 체간이 단련된다.
● 요통 예방·통증
완화.
● 허리 주변이 이완
되어 책상 업무가
편해진다.

사무실 회전의자를
이용해 요통 예방.

근막 스트레칭을 하려면 서로 잡아당기는 두 가지 힘이 필요하다. 근막을 위와 아래, 왼쪽과 오른쪽처럼 양쪽으로 잡아당겨 상하 또는 좌우로 균등하게 이완시키는 것이 바람직하다. 어느 한쪽으로만 잡아당긴다면 근막 스트레칭은 효과적으로 이루어지지 않는다. 사무실 회전의자는 근막 스트레칭에 좋은 아이템이다. 의자의 회전을 이용하면 몸이 잘 비틀어져 근막 스트레칭에 필요한 반대 방향의 힘을 얻기 좋다.

의자에 앉아 하반신만 서서히 회전시키자. 이완시키는 근육은 옆구리에 있는 복사근이다. 책상 업무 때문에 생기기 쉬운 요통도 예방해준다.

## 1 회전의자에 앉아 깍지 낀 양손을 들어 올린다.

회전의자에 평소처럼 앉은 뒤, 깍지 낀 양손을 머리 위로 들어 올린다

## 2 의자를 회전시키면서 손을 반대쪽으로 내린다.

발을 조금씩 움직여 의자를 왼쪽으로 회전시킨다. 동시에 팔을 오른쪽으로 내리면서 몸을 기울인다. 이처럼 팔과 다리를 반대 방향으로 움직인다.

**이때 근막이 스트레칭된다!**

**이때도 근막이 스트레칭된다!**

## 3 반대쪽도 동일하게 한다.

1번 자세로 돌아온 다음, 반대쪽으로도 똑같이 반복한다.

---

### 스트레칭 POINT ☑

### 다리를 조금씩 움직이자.

의자를 회전시킬 때는 발끝을 동동 구르듯이 조금씩 움직이면서 이동한다. 이렇게 하면 옆구리가 천천히 이완되어 근막 스트레칭의 효과가 커진다.

# 몸의 뒷면 **스트레칭**

## 회전의자에 앉아서

회전의자에 앉기만 해도 광배근이 이완되는 간단 스트레칭

**언제 하면 좋을까?**

업무 중 ③

**근육 부위**

**광배근**
(등)

**햄스트링**
(허벅지 뒤)

**비복근·가자미근**
(장딴지)

**스트레칭을 하고 나면?**

● 다리를 예쁘게 만들어 준다.
● 호흡과 관련된 근육의 이완 효과.
● 어깨, 팔, 요통 예방·통증 완화.
● 장시간 앉아 있는 부담을 줄여준다.

앞 장(76쪽)에서는 회전의자의 회전을 이용한 근막 스트레칭을 소개했다. 이번에는 의자의 앞뒤 움직임을 이용해 등과 허벅지 뒤, 장딴지 근막을 스트레칭해보자.

우선 평소처럼 의자에 앉은 다음, 상반신을 앞으로 구부리면서 의자를 뒤쪽으로 이동시킨다. 앞에 남아 있는 발과 상반신의 힘, 뒤로 이동하려는 허리의 힘이 서로 작용해 등과 허벅지 뒤, 장딴지가 스트레칭된다.

의자를 뒤쪽으로 움직이기만 하면 되기 때문에 주변의 이목을 끌지 않고 간단하게 할 수 있다. 잠깐 쉴 때, 점심시간, 외근에서 돌아왔을 때 등 의자에 앉는 상황에서 하면 좋다.

# 1 평소처럼 의자에 앉는다.

회전의자에 앉은 뒤, 다리를 가볍게 벌린다. 새우등이 되지 않도록 몸의 축을 바르게 해서 앉는다.

앞에서
봤을 때

# 2 의자를 뒤로 빼면서 몸을 앞으로 구부린다.

발끝을 살짝 세운 다음, 좌골을 뒤로 빼면서 몸을 앞으로 구부린다.

이때 근막이
스트레칭된다!

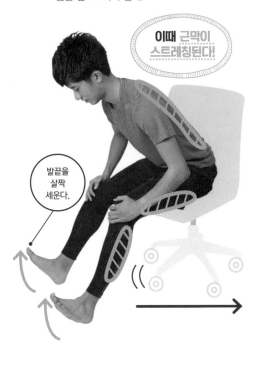

발끝을
살짝
세운다.

---

스트레칭
POINT ☑

바닥에
딱.

## 발끝을 바닥에 대면 안된다.

의자를 뒤로 뺄 때 발끝을 바닥에 대지 않도록 하자. 장딴지 스트레칭의 효과가 줄어든다.

# 옆구리 스트레칭

## 자료를 보면서

회전의자로 태블릿이나 자료를 보면서 옆구리에 자극을 줄 수 있다!

**언제 하면 좋을까?**

자료를 읽을 때

**근육 부위**

복사근 (옆구리)

**스트레칭을 하고 나면?**

- 배를 탄력 있게 만들어준다.
- 체간이 단련된다.
- 요통 예방·통증 완화.
- 몸 전체가 이완되어 긴장을 풀어준다.

회사원뿐 아니라 누구나 일상적으로 자료나 태블릿 화면을 본다. 하지만 너무 집중한 나머지 몸이 뻣뻣하게 굳기도 한다.

자료나 태블릿을 보면서도 할 수 있는 근막 스트레칭은 이런 상황에서 아주 요긴하다. 방법은 회전의자에 앉아 의자를 조금씩 좌우로 돌리는 것이다. 옆구리에 있는 복사근 근막을 스트레칭할 수 있다. 복사근은 체간을 지탱하거나 내장이 적절한 위치에 오도록 유지하는 데 필요한 근육이다. 적당히 스트레칭을 해두면 몸 전체가 이완되어 피로감을 완화해준다. 물론 책이나 잡지를 볼 때도 응용할 수 있다.

## 1 태블릿을 들고 회전의자에 앉는다.

자료나 태블릿을 들고 평소처럼 회전 의자에 앉는다. 팔꿈치는 양쪽 모두 책상 위에 댄다.

## 2 상반신을 고정한 채 허리를 비튼다.

상반신은 그대로 유지한 채, 의자를 서서히 왼쪽으로 회전시켜 하반신을 비튼다. 기분 좋게 느껴질 때까지 비튼 뒤 1번 자세로 돌아와 이번에는 오른쪽으로 회전시킨다.

이때 근막이 스트레칭된다!

스트레칭 POINT ☑

### 팔을 기울여 더 자극을 주자.

더 할 수 있다면, 팔꿈치를 기점으로 태블릿을 든 팔을 하반신과 반대 방향으로 기울이자. 자극이 더해져 옆구리 스트레칭 효과가 높아진다.

# 어깨 스트레칭
## 마우스를 잡으면서

**언제 하면 좋을까?**

컴퓨터
작업 중

**근육 부위**

회전근개
(견갑골 주변)

**스트레칭을 하고 나면?**

- 목과 어깨 결림, 팔꿈치 통증 예방·완화.
- 사십·오십견 예방 및 통증 완화.
- 컴퓨터 작업으로 인한 피로 완화.

팔을 크게 돌려 마우스를 잡자. 이 포즈 하나만으로도 OK!

컴퓨터를 쓸 때 흔히 이용하는 마우스. 보통은 별생각 없이 마우스를 잡지만, 잡기 전에 동작 하나만 더하면 훌륭한 근막 스트레칭이 된다.

마우스로 손을 뻗을 때 견갑골을 의식하면서 팔을 크게 돌리자. 이 동작으로 견갑골 주변이 스트레칭된다. 잡기 전에 팔을 안쪽으로 비틀면 스트레칭 효과가 더 커진다. 두 동작 모두 어깨 통증과 목 결림을 예방 및 완화해주고, 사십·오십견 예방에도 도움을 준다. 컴퓨터를 사용하기 전에 스트레칭해두면 장시간에 걸친 작업의 피로감도 줄일 수 있다.

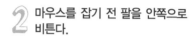

## 1 의자에 앉는다.

컴퓨터와 마우스 앞에 평소와 같이 앉는다. 등을 구부리지 않도록 주의하자.

## 2 마우스를 잡기 전 팔을 안쪽으로 비튼다.

견갑골을 앞쪽으로 끌어당기면서 팔을 든다. 그런 다음 팔을 크게 돌리면서 마우스 쪽으로 손을 가져간다.

이때 근막이 스트레칭된다!

## 3 팔을 제자리로 되돌려 마우스를 잡는다.

마우스를 잡은 뒤에는 평소 자세로 돌아가 작업을 계속한다.

**스트레칭 POINT ☑**

✕

### 어깨를 너무 들지 않는다.

팔을 크게 돌려야 한다는 생각이 지나친 나머지, 사진처럼 어깨를 너무 들지 않도록 주의하자. 어깨를 너무 들면 견갑골을 앞쪽으로 움직일 수 없어 스트레칭 효과가 저하된다.

# 어깨와 등 스트레칭

## 복사를 하면서

언제 하면 좋을까?

**복사할 때**

**근육 부위**

회전근개
(견갑골 주변)

광배근
(등)

**스트레칭을 하고 나면?**

● 호흡과 관련된 근
육의 이완 효과.

● 어깨 결림, 요통
예방·통증 완화.

● 자세가 좋아진다.

멀리 있는 손으로
버튼을 누르기만
하면 되는 초간단
근막 스트레칭!

사무용 복사기로 복사를 할 때, 별생각 없이 버튼을 누르는 사람이
많을 것이다.

복사할 때 복사기에서 멀리 있는 손을 쭉 뻗어 버튼을 눌러보자.
견갑골부터 팔을 뻗는 동작으로 인해 견갑골 주변 근육과 광배근
이 이완되어 훌륭한 근막 스트레칭이 된다. 이렇게 간단한 동작으
로도 어깨 결림을 예방하고 자세를 개선할 수 있다.

멀리 있는 손을 뻗어 버튼을 누르기만 하면 되므로 근무 시간 중에
도 그다지 눈에 띄지 않는다. 귀찮은 복사도 근막 스트레칭이 된다
고 생각하면 할 만하지 않은가?

## 1 복사기를 정면으로 보고 선다.

복사기 앞에 평소처럼 선다. 다리는 어깨너비 정도로 벌리자.

## 2 멀리 있는 손으로 버튼을 누른다.

멀리 있는 손으로 원을 그리듯이 팔을 뻗어 버튼을 누른다.

**이때 근막이 스트레칭된다!**

❶ 회전근개
❷ 광배근

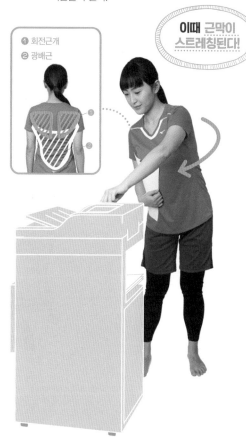

### 복사기 버튼과 가까이 있는 손으로 누르지 않는다.

버튼과 가까운 손으로는 아무리 원을 그리듯 팔을 뻗어도 '단지 복사를 하고 있는' 상태가 될 뿐이다. 그 어떤 부위도 스트레칭되지 않는다.

# 등·옆구리·엉덩이 **스트레칭**
## 자리로 돌아가면서

**언제 하면 좋을까?**
자리로
돌아왔을 때

**근육 부위**

**광배근**
(등)

**복사근**
(옆구리)

**대퇴 근막장근**
(엉덩이 바깥쪽)

**스트레칭을 하고 나면?**
- 힙업 효과로 엉덩이가 예뻐진다.
- 배를 탄력 있게 만들어준다.
- 요통 예방·통증 완화.

회전의자 등받이를 돌리기만 해도 옆구리가 크게 이완된다!

지금까지 회전의자를 사용한 스트레칭을 몇 가지 소개했는데, 이번 근막 스트레칭은 의자 등받이를 사용한 굉장히 단순한 방법이다. 의자 등받이를 잡고 회전시키기만 하면 된다. 의자가 돌아가는 힘과 제자리를 유지하려는 몸의 힘이 서로 작용해 옆구리와 엉덩이 바깥쪽을 스트레칭해준다.

모든 근막 스트레칭에 해당하는 말이지만, 굳이 시간을 들여 오래 할 필요는 없다. 예를 들어 잠깐 쉬고 돌아와 자리에 앉기 전에 의자를 천천히 회전시켜 옆구리와 엉덩이에 이완되는 느낌이 들면 충분하다. 너무 세게 빙글 돌리면 스트레칭 효과가 없으므로 주의하자.

**1** 의자 등받이를 잡는다.

다리를 어깨너비 정도로 벌리고 손으로 의자 등받이를 잡는다.

**2** 등받이를 회전시킨다.

의자 등받이를 오른쪽으로 회전시킨다. 옆구리와 엉덩이에 이완되는 느낌이 들어야 한다.

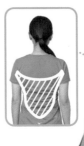

이때 근막이 스트레칭된다!

**3** 반대쪽으로 회전시킨다.

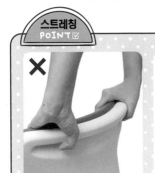

2와 반대쪽으로 등받이를 회전시킨다. 옆구리와 엉덩이에 이완되는 느낌이 들어야 한다.

**스트레칭 POINT ☑**

### 의자 잡는 법
왼쪽 사진처럼 의자를 너무 꽉 쥐면 옆구리 스트레칭의 효과가 떨어지므로 금물이다. 오른쪽 사진처럼 등받이에 손을 얹어놓는 정도로 충분하다.

# 어깨 스트레칭
# 도시락 뚜껑을 열면서

**근육 부위**

회전근개
(견갑골 주변)

**스트레칭을 하고 나면?**

- 어깨 결림 예방·
  통증 완화.
- 어깨의 움직임이
  좋아진다.
- 부교감 신경을 안
  정시켜 소화가 잘
  된다.

딸깍

즐거운
도시락 시간!
심호흡으로 소화도
잘되게!

도시락을 싸서 다니는 직장인이 늘고 있다. 그러므로 더더욱 밥을
먹기 전에 심호흡을 하면서 근막 스트레칭을 해보자.

팔을 안쪽으로 비틀면서 도시락 뚜껑을 잡고 심호흡을 한다. 그런
다음 팔을 바깥쪽으로 비틀어 뚜껑을 연다. 팔꿈치가 아닌 견갑골
을 의식하면서 팔을 움직이는 것이 포인트다. 어깨 결림을 예방하
고 사십·오십견 예방에도 도움을 준다.

또 심호흡을 하면 부교감 신경이 우위에 서기 때문에, 시간을 들여
안정된 기분으로 밥을 먹게 되어 소화도 잘된다. 다이어트 중인 사
람에게도 추천하는 스트레칭이다.

## 1 팔을 멀리서 뻗어 뚜껑을 잡는다.

의자에 앉아 도시락을 향해
팔을 멀리서 뻗는다.

이때 근막이
스트레칭된다!

## 2 견갑골을 앞쪽으로 끌어당기면서 팔을 안으로 비튼다.

뚜껑을 열기 직전, 견갑골을 앞쪽으
로 당기면서 팔을 안으로 비튼다.
이때 심호흡을 한다. 코로 숨을 들
이마시고 입으로 뱉어내자.

이때 근막이
스트레칭된다!

### 스트레칭 POINT ☑

✕

**팔을 옆구리에서 너무
떨어뜨리지 않는다.**

3에서 뚜껑을 열 때 겨드랑이
를 오므린다. 옆구리에서 멀
어지면 팔을 바깥쪽으로 비
틀기 힘들어져 스트레칭 효
과가 저하된다.

## 3 팔을 바깥쪽으로 비틀어 뚜껑을 연다.

견갑골을 의식하면서 팔을
바깥쪽으로 비틀어서 뚜껑
을 연다.

# 다리 뒷면 **스트레칭**

## 커피를 받으면서

**언제 하면 좋을까?**

커피를 받을 때

**근육 부위**

**햄스트링**
(허벅지 뒤)

**비복근**
(장딴지)

**스트레칭을 하고 나면?**

● 허벅지가 단련되어
다리가 예뻐진다.

● 요통 예방·통증
완화.

● 다리의 피로나 부
종 완화에 효과적
이다.

고맙습니다

커피숍에서
인사하면서
스마트하게
근막 스트레칭!

대부분의 커피숍은 계산하는 곳과 수령하는 곳이 구분되어 있다.
여기서는 커피를 받을 때 인사하면서 할 수 있는 근막 스트레칭을
소개한다.

인사할 때 좌골을 뒤로 빼고 몸을 앞으로 구부리자. 앞쪽 다리의
햄스트링과 종아리가 이완되어 근막이 스트레칭된다.

요통을 예방함은 물론 혈액순환이 좋아지므로 부어오른 다리에도
효과적이다. 앉아서 일하든 서서 일하든 상관없이 저녁이면 어김
없이 찾아오는 다리의 부종을 완화할 수 있다.

# 1 카운터 앞에 선다.

카운터 앞에 선다. 손을 뻗을 수 있도록
조금 떨어진 위치가 좋다.

# 2 몸을 구부리면서 팔과 다리를 뻗는다.

커피를 받는 손과 같은 쪽 다리를 뻗고, 좌
골을 뒤로 빼면서 몸을 앞으로 구부린다. 이
때 앞으로 내민 다리의 발끝은 세운다.

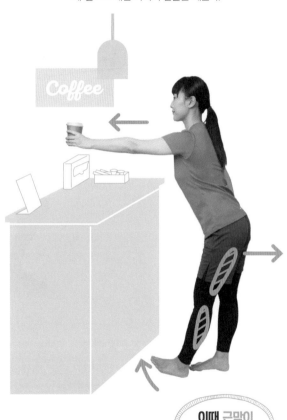

이때 근막이
스트레칭된다!

몸을
꼭
구부리자!

팔과 다리에만 너무 집중한 나머
지 몸을 구부리지 않으면 안 된다.

## 올바른 인사 자세

좌골을 뒤로 빼는 느낌으로
몸을 앞으로 구부리자. 앞으
로 내민 팔과 다리의 힘, 뒤로
움직이려는 좌골의 힘이 서
로 작용하여 근막이 스트레
칭된다.

# 종아리 스트레칭
## 사무실 벽을 밀면서

**근육 부위**

비복근·가자미근
(장딴지)

**스트레칭을 하고 나면?**

● 다리 부종과 냉증
이 해소되므로, 앉
거나 서서 일할 때
피로를 줄여준다.
● 무릎 뒷부분과 발
목이 유연해진다.

붓기 쉬운 종아리를
스트레칭하려면
사무실 벽을 밀자!

퇴근 무렵 저녁이 되면 다리가 붓는 경우가 많다. 아침에 신은 신
발이 저녁이 되면 꽉 끼기도 한다. 이는 장딴지에 피로와 노폐물이
쌓여 발이 뻣뻣해졌다는 증거다.

종아리 스트레칭을 위해 벽을 밀자. 벽을 미는 힘과 다리를 뒤로
뻗는 힘이 작용하면 종아리가 위아래로 잡아당겨지는 느낌이 든
다. 양발 모두 하면 좋다.

아침 업무 시작 전이나 회사에서 잠깐 쉬는 시간에 하면 피로를 줄
일 수 있다. 또 퇴근 전 스트레칭을 한 뒤 만원 지하철에 타는 것도
추천한다.

**1** 한 발을 뒤로 뻗고 양손으로 벽을 짚는다.

벽에 양손을 대고 한 발을 뒤로 뻗는다. 이때 발뒤꿈치는 세운다.

**2** 양손으로 벽을 밀면서 발뒤꿈치를 내린다.

발뒤꿈치를 바닥에 대면서 양손으로 벽을 민다. 벽을 미는 힘과 다리를 뒤로 뻗는 힘이 상호 작용한다. 반대쪽 다리도 동일하게 한다.

이때 근막이 스트레칭된다!

발뒤꿈치를 서서히 내린다.

**스트레칭 POINT ☑**

### 옆구리 스트레칭도 함께!

2번 자세에서 왼팔만 들어 오른쪽 벽을 밀어낸다. 이렇게 하면 옆구리 근막이 스트레칭된다. 손을 짚는 위치를 상하좌우로 변화시키면 옆구리에 자극을 주는 위치를 바꿀 수 있다. 반대쪽 손도 동일하게 한다.

# 목과 가슴 주변 **스트레칭**

## 휴대폰으로 전화를 하면서

**언제 하면 좋을까?**

전화 중 ①

**근육 부위**

사각근
(목 측면)

상부 승모근
(목, 어깨)

소·대흉근
(가슴 주변)

**스트레칭을 하고 나면?**

● 목의 접질림과 뻐근함 예방·통증 완화.

● 사십·오십견 예방 및 통증 완화.

● 전화로 장시간 통화해도 목이 뻣뻣해지지 않는다.

전화로 상담하면서 근막 스트레칭! 머리가 맑아져 좋은 생각이 떠오른다.

길거리나 역에서 휴대폰으로 오랫동안 통화하는 사람을 흔히 볼 수 있다. 생각지도 않은 곳에서 협의 전화가 시작되거나 친구와 이야기가 길어지는 등 이유는 가지각색이다. 하지만 휴대폰으로 오래 이야기하면 어깨와 목 주변이 피곤해지는 경우가 많다.

어깨 결림을 예방하기 위해서라도 통화하면서 근막 스트레칭을 해 보자. 휴대폰을 잡지 않은 손을 등에 대고 가슴을 펴면서 목을 기울이자. 뻣뻣해지기 쉬운 목 주변 근막이 스트레칭되어 장시간 통화도 편해진다. 남성에게 추천하는 포즈이지만, 여성이 해도 물론 무방하다.

## 1 휴대폰을 잡지 않은 손을 등 뒤에 댄다.

휴대폰을 잡지 않은 쪽 손을 쫙 편 뒤, 손등을 등에 댄다. 편한 높이에 댄다.

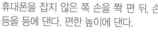

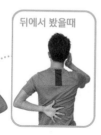

뒤에서 봤을때

## 2 가슴을 펴면서 휴대폰을 댄 쪽으로 목을 기울인다.

1번 상태에서 가슴을 편 다음 목을 휴대폰을 댄 쪽으로 기울인다.

이때 근막이 스트레칭된다!

## 3 목을 움직여 부하를 건다.

이때도 근막이 스트레칭된다!

2번 자세에서 목을 뒤로 젖히거나 턱을 당기면서 목의 각도에 변화를 준다. 그러면 자극이 되는 위치가 달라진다. 타이밍을 봐서 휴대폰을 쥔 손을 바꿔 반대쪽도 동일하게 한다.

### 스트레칭 POINT ☑

뒤에서 봤을 때

### 핵심 부위를 스트레칭하자.

1번 상태로 손을 놓고 스트레칭해도 효과가 있지만, 사진처럼 손바닥을 위로 향하게 하면 부하가 걸리는 위치가 달라져 보다 핵심적인 부위를 스트레칭할 수 있다.

# 목과 어깨 **스트레칭**

## 휴대폰으로 전화를 하면서

**언제 하면 좋을까?**

전화 중 ②

**근육 부위**

상부 승모근
(목)

회전근개
(견갑골 주변)

**스트레칭을 하고 나면?**

- 목의 접질림과 뼈 근질함 예방·통증 완화.
- 목의 주름과 처짐 방지.
- 목 결림 예방·통증 완화.
- 전화로 장시간 통화해도 목이 뻣뻣해지지 않는다.

조심스러운 포즈로 목·어깨 주변을 스트레칭.

휴대폰을 사용한 또 다른 근막 스트레칭을 소개한다. 94쪽에서는 비어 있는 손을 등 뒤에 댔었는데, 이번에는 휴대폰을 쥔 쪽 팔꿈치를 받쳐주는 스트레칭이다. 팔꿈치를 안쪽으로 잡아당기는 힘과 목을 기울이는 힘이 역방향으로 작용해 효과적인 목 근막 스트레칭이 된다. 옆에서 보기에는 팔짱을 끼고 목을 갸웃한 자세로 보이기도 한다.

이 근막 스트레칭을 하면 발성이 좋아져 목소리가 더 매력적으로 들릴 가능성도 있다. 물론 휴대폰이 아닌 회사 전화여도 괜찮다.

**1** 휴대폰을 잡지 않은 손으로 팔꿈치를 받친다.

휴대폰을 잡지 않은 손으로 팔꿈치를 받친다. 손바닥으로 가볍게 감싸는 느낌으로 받쳐준다.

**2** 팔꿈치를 안쪽으로 잡아당기면서 목을 기울인다.

팔꿈치를 안쪽으로 잡아당기면서 목을 휴대폰 쪽으로 기울인다. 목과 어깨 사이에서 서로 잡아당기는 힘이 생긴다. 목 주변에 이완되는 느낌이 들면 된다. 타이밍을 봐서 휴대폰을 쥔 손을 바꿔 반대쪽도 동일하게 한다.

이때 근막이 스트레칭된다!

오른쪽에서 봤을 때

**스트레칭 POINT ☑**

✕

### 어깨가 올라가지 않도록!

팔꿈치를 당길 때 힘을 너무 줘서 어깨가 올라가지 않도록 한다. 목 주변에 자극이 가지 않아 효과적인 근막 스트레칭을 할 수 없다.

# 목·어깨·등 스트레칭
# 무거운 물건을 들어 올리면서

짐의 무게를 이용해
팔을 흔들흔들~
등의 피로를 줄이자!

상자를 옮기거나 오래된 종이 자료를 꺼내는 등 짐을 옮기는 상황
이 있다. 이때 힘 쓰는 일에 익숙하지 않으면 허리를 다치거나 목·
어깨 주변에 피로가 쌓일 수 있다.
짐을 들어 올릴 때 견갑골을 의식하면서 양팔을 움직여보자. 등과
견갑골 주변 근막이 스트레칭된다.
모두 목과 어깨, 팔의 움직임과 관련된 중요한 근육인데, 경직되기
쉬운 부위이기도 하다. 짐의 무게를 이용해 효과적으로 근막을 스
트레칭하자.
짐을 운반할 때마다 스트레칭할 필요는 없지만 기회가 있을 때 해
두면 몸의 피로를 줄일 수 있다.

## 1 무릎을 살짝 구부려 짐을 든다.

무릎이 발끝보다 튀어나오지 않을 정도로만 살짝 구부려 짐을 든다. 견갑골부터 팔을 뻗는 느낌으로 잡으면 좋다.

**이때 근막이 스트레칭된다!**

## 2 짐을 든 팔을 좌우로 흔든다.

짐을 조금 들어 올린 뒤, 양팔을 좌우로 흔든다.

**이때도 근막이 스트레칭된다!**

## 3 앞뒤로 흔든다.

앞뒤로 흔든다. 2번과 마찬가지로 견갑골 주변과 등이 스트레칭된다.

### 스트레칭 POINT ☑

## 무릎을 너무 구부리지 말자.

짐을 들어 올릴 때 몸을 너무 구부려 무릎이 발끝보다 튀어나오면 고관절 주변 근육을 잘 사용할 수 없어 무릎·허리를 다치는 원인이 된다.

# 무거운 물건을 들면서

언제 하면 좋을까?
창고 등에서
짐을 들 때 ②

근육 부위

상부 승모근
(목)

회전근개
(견갑골 주변)

능형근
(견갑골 사이)

스트레칭을 하고 나면?

● 어깨 결림 예방·
통증 완화.
● 목의 주름과 처짐
방지.
● 몸에서 적당히 힘
이 빠져, 짐을 옮
겨도 피로를 적게
느낀다.

짐을 들고 어깨를 들썩이기만 해도 어깨와 등의 경직된 근육이 풀어진다.

짐을 들고 할 수 있는 근막 스트레칭을 또 하나 소개한다. 98쪽에서는 팔을 흔들면서 목과 등을 이완시켰는데, 이번에는 견갑골을 올렸다 내리는 동작으로 근막을 스트레칭한다. 이번에도 방법은 간단하다. 짐을 허리 위치에서 든 뒤, 견갑골을 의식하면서 올렸다 내리기만 하면 된다. 내릴 때 짐의 무게를 이용하면 편리하다.
98쪽의 목과 등 근막 스트레칭과 함께 하면, 이사를 하거나 힘든 짐을 운반할 때 생기는 피로를 줄일 수 있다. 다음 날 근육통도 줄어든다. 평소 어깨 결림 때문에 고생하는 사람에게도 추천한다.

## 1 짐을 허리 위치에서 든다.

짐을 허리 위치에서 든다. 등을 젖히지 않도록 주의한다.

## 2 어깨와 견갑골을 올린다.

짐의 무게를 의식하면서 등을 조금 둥글게 만다. 이와 동시에 어깨를 움츠린 뒤 들어 올린다.

## 3 어깨와 견갑골을 내린다.

목에서 등까지 짐의 무게를 느끼면서 어깨를 아래로 내린다. 2~3을 몇 번 반복하면 좋다.

이때 근막이 스트레칭된다!

## 스트레칭 POINT ☑

### 배로 짐을 받치지 않는다.

몸을 뒤로 젖히면서 배로 짐을 받치면 허리에 부담이 간다. 또 견갑골도 제대로 올렸다 내릴 수 없다.

# 가슴 주변 **스트레칭**

## 프레젠테이션 전에 인사를 하면서

**언제 하면 좋을까?**

회의 중

**근육 부위**

소·대흉근
(가슴)

**스트레칭을 하고 나면?**

- 호흡과 관련된 근육의 이완 효과.
- 어깨 결림 예방·통증 완화.
- 자세가 좋아지므로 자신감이 생겨 프레젠테이션 등에 효과적이다.

중요한 프레젠테이션을 시작하기 전, 바른 자세로 인사하자. 긴장이 풀어지고 호감도가 상승한다!

중요한 프레젠테이션과 상담을 앞두면 아무래도 긴장된다. 전달하는 내용이 가장 중요하지만, 프레젠테이션 하는 사람의 태도와 발성도 크게 영향을 미친다. 자신감을 끌어올릴 때는 인사를 하면서 흉부 근막을 스트레칭하자. 불필요한 힘이 빠져 긴장을 풀 수 있고 자세가 좋아져 상대에게 좋은 인상을 심어준다. 긴장이 풀리면 목소리도 잘 나오므로 당당한 태도로 프레젠테이션을 할 수 있다.

프레젠테이션 직전에 하는 것이 가장 효과적이지만, 순서가 되기 조금 전에 해두는 것도 좋다. 사원 모두 실시하여 회사에 활력을 불어넣는 것도 좋다.

# 1 양손을 등에 댄다.

양손을 뒤로 돌려 손등을 등에 댄다. 어떤 손이 위로 가도 상관없다. 아래쪽 손의 위치는 골반 위 정도가 적당하다.

뒤에서
봤을 때

**이때** 근막이
스트레칭된다!

# 2 손으로 등을 밀면서 가슴을 펴고 몸을 앞으로 구부린다.

손등으로 등을 앞으로 밀면서 좌골을 뒤로 빼고 몸을 구부린다.

옆에서
봤을 때

※ 사진처럼 두 종류의 힘이 작용해 대흉근이 스트레칭된다.

스트레칭
POINT ☑

✕

## 새우등이 되지 않도록 주의한다.

몸을 구부릴 때 배를 둥글게 말면 새우등이 된다. 좌골을 뒤로 빼면 자연스럽게 몸이 곧게 앞으로 구부러진다 이러한 느낌으로 등을 똑바로 펴면서 몸을 구부리자.

# 어깨와 등 **스트레칭**
## 테이블을 사용해서

### 언제 하면 좋을까?

회의 전후

### 근육 부위

**회전근개**
(견갑골 주변)

**광배근(등)**

### 스트레칭을 하고 나면?

● 호흡과 관련된 근육의 이완 효과.
● 어깨 결림, 요통 예방·통증 완화.
● 회의로 긴장된 몸과 마음을 풀어준다.

팔을 뻗어 피곤해진 어깨를 스트레칭하자! 회의의 피로감도 줄어든다.

긴 회의나 프레젠테이션을 하고 나서는 몸이 뻣뻣해진다. 긴장해서 몸이 위축되는 경우도 있을 것이다. 회의 전후에 추천하는 것이 바로 테이블을 사용한 어깨 늘이기 근막 스트레칭이다.

테이블 위에 놓은 팔을 점점 앞으로 뻗자. 굳어 있던 견갑골 주변과 등 근막을 스트레칭해서 몸을 이완시킨다. 물론 스트레칭 후에는 일도 더 잘 될 것이다.

회의가 끝난 뒤뿐 아니라 점심 식사 후 휴식 시간 등에도 스트레칭하면 오후 업무 효율도 높아진다. 또 회사가 아닌 집 테이블을 사용해도 좋다. 자기 전에 스트레칭하는 것도 좋다.

## 1 테이블을 보고 똑바로 선다.

다리를 어깨너비로 벌리고 테이블을 향해 선다. 등이 구부러지지 않도록 주의하자.

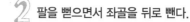

## 2 팔을 뻗으면서 좌골을 뒤로 뺀다.

견갑골을 앞으로 밀어내는 느낌으로 양팔을 쭉 뻗는다. 동시에 좌골을 뒤로 뺀다. 무릎은 살짝 구부려도 좋다.

이때 근막이 스트레칭된다!

## 3 팔을 교차시킨 뒤, 손가락으로 좌우 바닥을 기듯이 움직인다.

뻗은 팔을 교차시켜 손가락을 기듯이 움직이면서 가능한 곳까지 반원을 그린다. 중심으로 돌아와 반대쪽으로 팔을 교차시켜 마찬가지로 손가락을 움직이면서 반원을 그린다.

### 스트레칭 POINT ☑

### 엉덩이를 빼는 것이 포인트다.

등을 굽혀 팔을 뻗기만 해서는 안된다. 좌골을 뒤로 빼지 않고 팔만 뻗은 상태라면 앞쪽 한 방향으로만 힘이 작용해 스트레칭 효과가 줄어든다.

# 긴장성 두통을 치료하면 미인이 된다!?

근막 스트레칭으로 두통 증상을 완화할 수 있는 세 가지 방법을 소개한다.

게다가 이 스트레칭을 지속하면 두통을 예방할 뿐 아니라, 두통이 찾아오는 횟수가 줄고 턱 주변이 정돈되어 얼굴 라인이 예뻐지는 등 미용 효과까지 기대할 수 있다.

**긴장성 두통이란?**

대부분의 두통은 '긴장성 두통'이다. 주된 원인은 신체의 피로와 정신적 스트레스다. 표정근의 근막 스트레칭은 이를 완화하여 두통을 예방해준다. 통증과 작별하여 건강한 미인이 되자.

## 방법 ① 턱 주변 근막을 스트레칭하자

턱 주변 근육이 경직되면 얼굴이 처져 보이거나 얼굴 라인이 흐릿해지고, 두통의 원인이 되기도 한다.

**1 입을 O자 모양으로 벌리고, 턱을 아래로 잡아당긴다.**

입을 O자 모양으로 벌린다. 왼손으로 턱을 쥐듯이 잡고 아래로 가볍게 잡아당긴다.

**2 턱을 잡아당긴 상태에서 입꼬리를 올린다.**

턱을 아래로 잡아당긴 상태에서 입꼬리를 올려 웃는 얼굴을 만든다. 위아래로 잡아당기는 힘이 서로 작용해 근막이 이완된다.

**목덜미 근막을 스트레칭하자**

목덜미부터 턱까지 근육을 이완시키자. 긴장성 두통의 원인이 되기 쉬운 어깨 결림을 예방하고 턱 라인을 샤프하게 만들어준다.

**1** 쇄골 조금 아래쪽을 누른다.

쇄골 조금 아래쪽을 왼손으로 누른다. 네 손가락과 엄지손가락의 형태가 V자가 되도록 한다.

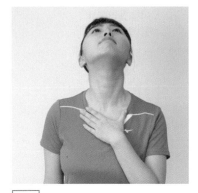

**2** 손을 아래로 당기면서 턱을 든다.

누른 손으로 피부를 아래쪽으로 잡아당기면서 턱을 든다.

**3** 아래턱과 혀를 내민다.

자극을 더 주기 위해 아래턱을 내밀거나, 혀를 위로 향해 내민다.

▶ ▶ ▶ 옆에서 봤을 때

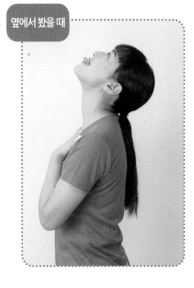

## 방법 ③ 두피와 눈꺼풀 주변을 스트레칭하자

눈을 너무 많이 써도 긴장성 두통이 생긴다. 두피와 눈꺼풀 주변 근막을 스트레칭해서 긴장을 풀어주자.

**1 두피를 올리면서 눈을 크게 뜬다.**

양손으로 측두부를 감싸고 두피를 중앙으로 바짝 모은다. 동시에 눈을 크게 뜬다.

**2 두피를 놓고 눈도 평소대로 되돌린다.**

손에서 힘을 풀어 두피를 되돌림과 동시에 눈의 힘도 빼서 보통 크기도 돌아온다.

**3 다시 두피를 올리고 눈을 크게 뜬다.**

1 ~ 2 를 몇 번 반복한다. 손으로 누르는 두피의 위치를 조금씩 바꿔 다양한 곳을 스트레칭하자.

# PART
# 3

## 생활화하면 좋은
## 간단 근막 스트레칭

집, 사무실 등의 상황과는 별개로 생활화하기 좋은 근막 스트레칭을 소개
한다. '생활 속 근막 스트레칭'의 효과를 높이기 위한 기초로 삼아도 좋고,
스트레칭이 부족하다고 느낄 때의 보강제로 삼아도 좋다. 어쨌든 지속하기
좋은 간단한 운동법을 다양하게 소개한다.

# 자세를 정돈해
# 몸의 이상 증세를 완화한다

## 방법 1  웅크리고 앉았다 일어나기

**근육 부위**

광배근(등)

장요근
(복부 심층부)

대전근
(엉덩이)

지금부터는 PART 1·PART 2에서 소개한 '생활 속 근막 스트
레칭'의 효과를 한층 높여줄 방법을 소개한다. 되도록 매일
실천하고 스스로 생활화한다면 몸 전체가 확실히 이완되어,
지금까지 소개한 근막 스트레칭의 효과도 더 커질 것이다.

우선, 자세를 정돈하는 방법 세 가지를 소개한다. 이 방법을
실천하면 뱃살이 볼록 나와 보이거나 시선이 자꾸 아래를 향
해 자세를 새우등처럼 만드는 등 안 좋은 자세를 개선할 수
있다.

먼저 '웅크리고 앉았다 일어나기'로 허리와 엉덩이 근육을 이
완시키자. 이 근육들은 허리 및 다리의 움직임을 비롯해 바른
자세를 관장하는 중요한 근육이다. 스트레칭하면 서 있는 자
세가 안정되고 요통을 예방할 수 있다.

### 1  발끝으로 웅크리고 앉는다.

양쪽 발끝을 세운 자세로 웅크리고 앉는
다. 양발은 어깨너비보다 조금 더 벌린
다. 등은 조금 구부러져도 좋다.

옆에서
봤을 때

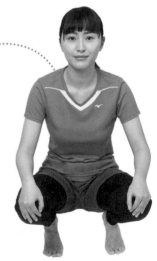

## 2 좌골을 뒤로 뺀다.

등을 펴고 좌골을 뒤로 뺀다. 배를
허벅지 위에 올려놓는 느낌으로
앉는다. 복부와 엉덩이 주변이 이
완된다.

옆에서
봤을 때

## 3 자리에서 일어나 자세를 정돈한다.

2번 자세에서 몸이 너무 뒤로 젖혀지
지 않도록 주의하며 일어난다. 일어난
뒤에는 심호흡을 한다. 똑바로 쌓인
나무 블록처럼 정강이뼈 위에 골반,
골반 위에 상체, 그 위에 머리가 '얹혀
있는' 상태로 몸을 정돈한다. 그러면
뱃살이 볼록 나와 보이거나 시선이 자
꾸 아래를 향해 새우등처럼 보이는 등
안 좋은 자세를 개선할 수 있다.

옆에서
봤을 때

스트레칭
POINT ☑

### 웅크려 앉을 때 다리를 오므리지 말자.

주로 여성에게 많은데, 웅크리고 앉을 때 무릎이 안쪽
으로 돌아가 다리를 오므리고 앉는 사람이 있다. 이렇
게 앉으면 자리에서 일어서기 힘들어질 뿐 아니라 똑
바로 쌓인 나무 블록 같은 상태(자세가 정돈된 상태)
를 실감할 수 없다.

**근육 부위**

흉쇄유돌근
(목 앞면)

사각근
(목 앞면)

소 · 대흉근
(가슴)

자세를 정돈하는 두 번째 방법이다. 손을 등 뒤로 돌리기만 하면 되는 매우 간단한 스트레칭이다. 이것만으로도 가슴 주변과 목 주변 근막을 스트레칭할 수 있다. 포인트는 손의 위치를 바꾸어주는 것. 이때 자주 쓰는 손이 아래로 가는 경우가 많은데, 손의 위치를 서로 바꾸면 비교적 잘 사용하지 않는 근막을 스트레칭할 수 있다. PART 1, PART 2에서 소개한 소·대흉근 및 두판·경판상근에 좋은 '생활 속 근막 스트레칭' 과 세트로 실천하면 더 효과적이다.

그 이유는 일상생활 속에서 소·대흉근을 움직이는 동작(깨끗한 공기를 들이마시거나 심호흡을 하는 등 가슴을 활짝 여는 동작)이 좀처럼 없기 때문이다. 그 상태로 움직이지 않고 두면 일부가 굳기 시작하고 주변부가 경직되는 악순환에 빠진다. 결국 어깨 관절 주변 근육이 잘 움직이지 않게 되고 통증을 느끼는 경우 또한 발생한다.

뒤에서
봤을 때

## 1 양손을 등 뒤로 돌린다.

몸의 축을 바르게 하고 선 다음, 양손의 손등을 등 뒤에 댄다. 아래쪽 손이 골반 위, 위쪽 손이 등 한가운데 정도에 오도록 한다.

## 2 등을 눌러 가슴을 앞으로 내민다.

뒤로 돌린 손으로 등을 누르면서 심호
흡한다. 가슴이 활짝 펴지고 소·대흉근
과 목 앞면의 근막이 스트레칭된다.

## 3 천천히 평상시 자세로 돌아온다.

등에서 손을 떼고 평상시 자세로 돌아와
숨을 내쉰다. 등에 대는 손의 위치를 위아
래 바꾸어 다시 스트레칭하면 골고루 이완
시킬 수 있다.

뒤에서
봤을 때

**스트레칭 POINT ☑**

양손을
올리는 패턴

양손을
내리는 패턴

### 손의 위치를 바꾸자.

등에 댄 손의 위치를 바
꾸어보자. 양손 모두 내
리거나 양손 모두 올리
는 패턴이 있다. 각각
소·대흉근에 걸리는 부
하가 달라져 스트레칭
효과가 커진다.

## 방법 3 기지개 켜며 발돋움하기

**근육 부위**

회전근개
(견갑골 주변)

광배근
(등)

복사근
(옆구리)

복횡근
(복부 주변)

자세를 정돈하는 방법 세 번째는 견갑골, 등, 옆구리, 복부 앞면의 근막 스트레칭이다. 그중에서도 중요한 부위는 옆구리에 있는 복사근이다. 복사근은 몸을 비틀거나 돌릴 때 중요한 역할을 한다. 이 근육이 굳어 있으면 몸의 동작이 나빠지고 요통의 원인이 된다.

또 복사근은 복압을 높이기도 하고, 내장을 적절한 위치에 오게 하거나 배변을 돕는 역할도 한다. 스트레칭해두면 여성에게 특히 많은 변비 증상에서도 탈출할 수 있다.

방법은 간단하다. 양손으로 깍지를 끼고 손을 머리 위로 올려 활짝 기지개를 켜면서 발돋움을 하기만 하면 된다. 발돋움할 때는 뒤꿈치도 들어 올려 몸의 중심이 늘어나는 느낌이 되도록 한다. 포인트는 기지개를 켠 다음, 깍지를 푼 손이 반드시 머리부터 몸 측면을 통해 제자리로 돌아와야 한다는 점이다. 이렇게 하면 자세가 안정된다.

### 1 다리를 어깨너비로 벌리고 손을 깍지 낀다.

다리를 어깨너비 정도로 벌리고 몸의 축을 바로 하고 선다. 양손은 배 앞에서 깍지 낀다.

옆에서 봤을 때

### 2 양손을 올려 기지개를 켜면서 발돋움한다.

깍지 낀 손을 손바닥이 위로 향하도록 똑바로 올리고 몸 전체를 쭉 편다. 손이 몸을 당기는 느낌으로 발뒤꿈치도 세운 다음 한껏 몸을 늘인다.

옆에서 봤을 때

### 3 깍지에서 푼 손을 옆으로 내린다.

머리 위에서 깍지 푼 손을 옆으로 내린다.

옆에서
봤을 때

### 4 손을 내려놓고 심호흡한다.

손을 내려 손바닥이 자연스럽게 앞을 향하
도록 놓고, 심호흡한다.

옆에서
봤을 때

스트레칭
POINT ☑

## 몸을 뒤로 젖히지 않는다.

기지개를 켤 때 등
을 뒤로 젖히면 안
된다. 몸의 중심이
위로 당겨지는 느낌
으로 늘인다.

# 무릎· 허리 통증 예방하기

## 방법 1 > 무릎을 세운 자세로 허벅지 앞 늘이기

증상이 나타나기 쉬운 통증 중 하나가 바로 무릎 통증이다. 장시간 걸으면 욱신욱신하고, 굽히면 아프고, 계단을 오르내리면 괴로워지는 증상부터 시작해 결국 너무 아파 무릎을 구부릴 수조차 없게 되는 사람이 많다. 앞쪽 허벅지가 제대로 움직이지 않으면 무릎 통증을 비롯해 요통까지 유발하는 경우가 있다.

여기서부터는 무릎·허리 통증을 예방하는 방법을 소개한다. 첫 번째는 의자 등을 사용해 앞쪽 허벅지를 이완시키는 방법이다. 허벅지 앞부분의 근육은 고관절, 골반, 허리 움직임과 크게 관련되어 있다. 허벅지 앞부분을 스트레칭하면 이 근육들의 연동성이 향상된다.

### 1 의자를 손으로 짚고 한쪽 무릎을 세운다.

적당한 높이의 의자에 한 손을 올리고 반대쪽 무릎을 세운다. 뒤쪽 다리는 뒤꿈치를 세운다.

※ 여기에서는 의자를 사용하지만, 몸을 지탱할 수 있는 물건이라면 침대나 소파, 사이드 테이블 등을 사용해도 문제없다.

## 2 상반신을 앞으로 내민다.

골반을 앞으로 내미는 느낌으로 상반신을 이동시킨다. 위와 하복부가 앞으로 당겨지는 느낌으로 움직인다. 뒤쪽 다리의 허벅지 앞부분이 스트레칭된다.

## 3 가슴을 편 채 무릎을 바깥쪽으로 벌린다.

앞으로 내민 다리를 바깥쪽으로 벌린다. 정면에서 보면 가슴을 편 상태가 된다. 새우등이 되거나 어깨가 처지면 안 되므로 주의하자.

**스트레칭 POINT ☑**

의자에 체중을 너무 싣지 않도록 주의!

✕

◎

### 스트레칭할 때 주의점

몸은 똑바로 앞을 향해 내밀자. 의자에 기대어 체중을 싣거나 뒤쪽 다리의 발목을 바닥에 대면, 허벅지 앞부분을 효과적으로 스트레칭할 수 없다.

무릎·허리 통증 예방을 위해 116쪽에서 소개한 허벅지 앞 근막 스트레칭과 함께 중요한 것이 바로 엉덩이와 허벅지 뒤 근막 스트레칭이다. 여기서는 의자를 사용한 방법을 소개한다. 의자 위에 한 발로 책상다리를 하고 앉아, 상반신을 앞으로 구부리자. 간단한 방법이지만 구부린 다리의 허벅지 뒷부분과 엉덩이에 부하가 걸려 효과적으로 스트레칭할 수 있다.

고관절은 몸에서 가장 큰 관절 중 하나다. 고관절에는 여러 주요 근육이 통과하는데, 이 근육들은 일상생활 속에서 경직되기 쉽다고 알려져 있다. 고관절 주변 근육의 움직임이 나빠지면 허리와 무릎에 매우 큰 영향을 미친다. 116쪽의 '무릎을 세운 자세로 허벅지 앞 늘이기'와 함께 하면 허벅지 앞과 뒤의 균형이 맞추어져 효과가 커지므로, 세트로 스트레칭하는 습관을 들이면 좋다.

## 1 한 발로 책상다리를 하고 앉는다.

의자에 앉아 사진처럼 한 발을 올린다. 한쪽 다리로 책상다리를 하는 느낌으로 앉는다. 이때 등이 구부러지지 않도록 주의하자.

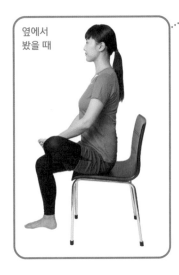

옆에서
봤을 때

## 2 좌골을 뒤로 빼고 몸을 앞으로 구부린다.

의자 바닥에 손을 짚고 좌골을 뒤로 빼면서 몸을 앞으로 구부린다. 이때 등을 굽히지 않도록 주의하자.

옆에서 봤을 때

## 3 몸을 더 구부린다.

하복부를 허벅지 위에 얹어놓는 느낌으로 몸을 더 앞으로 구부린다. 이때 무릎과 발목을 가볍게 누르자.

옆에서 봤을 때

## 4 무릎과 발끝을 누른다.

원래 자세로 돌아와 구부린 다리의 무릎을 가볍게 누른다. 다음으로 발끝을 가볍게 누른다. 이때 누르는 쪽으로 몸을 기울이자. 엉덩이 스트레칭의 효과가 커진다.

### 스트레칭 POINT ☑

### ✕ 새우등을 주의하자.

의자에 앉아 다리를 들면 새우등이 되기 쉬우므로 주의하자. 새우등이 되면 엉덩이와 허벅지 뒤쪽에 자극이 오지 않는다. 몸의 축을 바로 세우는 데 유념하자.

### 방법 1 ▷ **어깨 올려 가슴 펴기**

**근육 부위**

**상부 승모근**
(목)

**회전근개**
(견갑골 주변)

**소 · 대흉근**
(가슴)

현대인은 어깨를 굽히는 동작을 많이 취한다. 컴퓨터, 스마트 폰을 필두로 무언가를 쓰거나 책을 읽을 때도 어깨가 구부러 진다. 이때 경직되기 쉬운 근육이 바로 승모근과 견갑골 주변 근육, 소·대흉근 등이다.

이 근육들은 목과 어깨, 가슴의 움직임을 관장한다. 너무 뻣 뻣해지면 효과적으로 운동을 할 수 없고, 팔이 올라가지 않거 나, 고개가 돌아가지 않기도 한다. 컴퓨터와 스마트폰을 자주 사용하는 사람은 어깨 결림을 예방하기 위해 되도록 의식적 으로 스트레칭해주면 좋다.

장소는 기둥이나 벽 모서리 등 팔을 걸칠 수 있다면 어디든 좋다. 팔을 걸치고 가슴을 활짝 펴자. 흉부를 비롯해 어깨 주 변 근막이 스트레칭된다.

**1** **오른팔을 가볍게 들어 벽에 걸친다.**

오른팔을 가볍게 들어, 팔과 팔꿈치를 기 둥이나 벽 모서리 등 움직이지 않는 곳에 걸친다. 기둥 및 벽 쪽에 있는 다리를 한 발 앞으로 내밀고 가슴을 활짝 편다.

## 2 오른팔을 높이 들어 걸친다.

오른팔을 높이 들어 1과 마찬가지로 팔과 팔꿈치를 기둥이나 벽 모서리 등 움직이지 않는 곳에 걸친다. 기둥 및 벽 쪽에 있는 다리를 한 발 앞으로 내밀고 가슴을 활짝 편다.

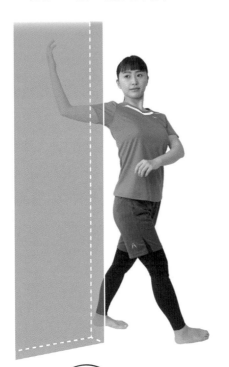

## 3 오른팔을 더 높이 들거나 팔을 대는 위치를 바꾼다.

오른팔을 더 높이 들어 올리거나, 팔꿈치를 대거나, 팔을 조금 비트는 등 벽 및 기둥에 닿는 위치를 조금씩 바꿔가며 스트레칭하자. 반대쪽 팔도 동일하게 한다.

### 스트레칭 POINT ☑

### 고개를 기울여 목 근육도 스트레칭하자.

한 발을 앞으로 내밀고 가슴을 편 뒤, 고개를 반대쪽으로 기울여보자. 가슴이 활짝 열릴 뿐 아니라 목 주변 근막도 스트레칭할 수 있다. 발뒤꿈치가 바닥에서 떨어지기 쉬우므로 떨어지지 않도록 딱 붙이고 스트레칭하자.

# 일상의 스트레스 완화하기

## 방법 1 > 천장 보고 누워 몸 흔들기

**근육 부위**
**전신**

일하면서 큰 실패를 하고 연인과 헤어지고 인간관계가 잘 풀리지 않는 등 살다 보면 도저히 어떻게 할 수 없을 정도로 기분이 우울해질 때가 있다. 감당할 수 없을 정도로 우울할 때 꼭 시도해보았으면 하는 방법이다.

몸을 흔들 때는 허리를 흔드는 것이 아니라 위 속에 있는 물을 흔든다는 느낌으로 잘게 움직이자. 시간과 횟수는 의식하지 않아도 된다. 스스로 기분이 좋다고 생각될 때까지 흔들자. 자율 신경의 균형이 맞춰지면서, 몸의 흔들림과 함께 나쁜 기분과 스트레스가 자연스럽게 사라진다.

스포츠 선수나 운동선수의 경우 시합 전에 하면 효과적이다.

## 1 천장을 보고 눕는다.

손바닥을 위로 향하게 두고 힘을 뺀 뒤 천장을 보고 눕는다.
이불이나 침대 위에서 하면 가장 좋다.

## 2 상반신을 흔든다.

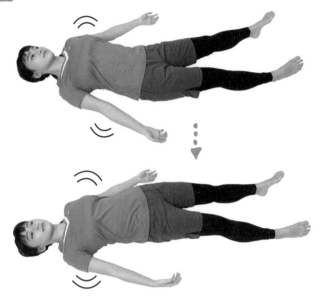

위 속에 물이 있다고 상상하고 그 물을 출렁출렁 흔드는 느낌으로 몸을 움직인다. 허리만 움직이지 말고 배와 가슴도 의식적으로 흔들자. 무리하지 않고 할 수 있는 범위 내에서 움직인다.

## 3 원래 자세로 돌아온다.

스스로 기분이 좋다고 느껴질 때까지 지속하면 된다. 마지막으로 전신을 원래 위치로 되돌린 다음 심호흡한다.

### 스트레칭 POINT ☑

## 손바닥의 방향은 자유롭게.

이 스트레칭을 할 때 손바닥을 위로 향하게 한다. 손바닥을 통해, 흔들리는 리듬에 맞춰 나쁜 기운과 스트레스가 빠져나간다고 상상하는 것도 좋다. 다만 손바닥을

위로 향하게 두는 것보다 아래쪽을 향하게 놓는 편이 더 기분 좋다고 느낄 경우는 반대로 놓아도 상관없다. 자신의 감각대로 선택하자.

근육 부위
전신

천장을 보고 몸을 흔들었다면 이번에는 엎드려서 흔들어보
자. 심한 스트레스와 부정적인 감정이 사라질 것이다.

허리를 잘게 움직이면서 다리의 힘을 빼고 발끝을 흔들자. 몸
이 잘 흔들리고 있는지, 흔드는 방법에는 문제가 없는지 등을
생각하면 오히려 스트레스가 된다. 온몸의 힘을 빼고 몸이 움
직여지는 대로 흔드는 것이 가장 좋은 방법이다.

흔들흔들 몸을 움직이면 근막도 정돈된다. 자신이 물통에 담
긴 물이 되었다고 생각하고 움직이면 몸에서 불필요한 힘이
사라져 전신의 근막도 자연스럽게 이완된다. 결과적으로 긴
장이 풀리므로 스트레스도 사라진다.

매일 이 방법으로 스트레칭하면 기분과 파동 모두 쉽게 정돈
될 것이다. 기분이 좀 좋지 않다고 느낄 때만 스트레칭해도
효과는 충분하다. 꼭 시도해보기 바란다.

# 1 바닥에 엎드린다.

자연스러운 자세로 손바닥을 위로 향하게 두고 바닥에 엎드린
다. 머리는 바닥에 똑바로 대도, 옆을 향해 누워도 상관없다.
편한 자세면 된다.

## 2 하반신을 흔든다.

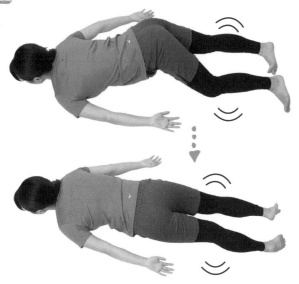

다리의 힘을 빼고 허리와 허벅지를 잘 게 흔든다. 골반을 흔드는 느낌으로 움 직인다. 중요한 것 은 허리와 허벅지에 맞추어 발끝도 자연 스럽게 흔들어야 한 다는 점이다. 발끝을 흔들흔들 움직이자.

## 3 원래 자세로 돌아온다.

스스로 기분이 좋다 고 느껴질 때까지 지속하면 된다. 마 지막으로 전신을 원 래 위치로 되돌린 다음 심호흡한다.

스트레칭 POINT ☑

### 발목의 힘도 빼자.

하반신을 흔들 때는 발목에 힘이 들어가지 않도록 한다. 흔들림에 맞춰 발끝의 방향이 자연스럽 게 바뀌면 된다.

# 과도한 스마트폰 사용으로 손이 아플 때

## 방법 1 〉 엄지손가락 젖히기

**근육 부위**

**엄지손가락 근육**
(엄지손가락 아래쪽)

현대인 대부분이 손에서 놓을 수 없는 물건은? 바로 스마트
폰이다. 지하철 이동 시간이나 밥을 먹을 때, 스마트폰을 만
지게 된다. 스마트폰을 너무 많이 사용한 나머지 어깨가 결린
다고 느끼는 사람도 많을 것이다. 하지만 통증의 근본적인 원
인은 사실 엄지손가락 근육에 있다.

오른손에 스마트폰을 들고 엄지손가락으로 키패드를 누르거
나 터치할 때 쓰는 것이 바로 엄지손가락 근육이다. 스마트폰
을 너무 많이 사용해서 팔이 아프다고 느낄 때는 어깨와 팔
도 물론 관리해야겠지만, 우선은 엄지손가락부터 스트레칭하
자. 스마트폰을 더 많이 쥐는 손 엄지손가락 첫 번째 관절에
반대쪽 손을 대고, 손목 쪽으로 누르거나 손등 쪽으로 눌러가
면서 자극을 줘보자.

### 1 엄지손가락을 손목 쪽으로 누른다.

왼손 손바닥을 오른손 엄지손가락 첫 번
째 관절 부근에 대고 손목 쪽으로 누른
다. 엄지손가락이 휘는 형태가 되도록
한다.

### 2 엄지손가락을 손등 쪽으로 젖힌다.

왼손으로 오른손 엄지손가락을 손등 쪽
으로 누른다. 이때 각도를 바꿔가며 여
러 방향으로 눌러보자.

※ 왼손을 주로 사용하는 사람은 반대로 하면 된다.

## 방법 2 〉 엄지손가락 근육 문지르기

스마트폰 때문에 엄지손가락 근육과 비슷하거나 그보다 더
결리기 쉬운 손바닥 근육이 있는데, 바로 엄지손가락 아래 둥
글게 부풀어 오른 근육이다.

스마트폰을 한 손으로 쥐는 경우, 대개 이 엄지손가락 근육으
로 스마트폰을 지탱한다. 즉 스마트폰을 쥐고 있는 것만으로
도 무의식중에 이 근육을 사용하는 셈이므로, 피로가 점점 쌓
여간다. 또 엄지손가락 근육은 대흉근과도 관련이 깊기 때문
에 제대로 피로를 풀어주지 않으면 근육이 뻣뻣하게 굳어 어
깨 결림과 등 긴장을 유발한다.

우선 엄지손가락 아래쪽을 반대쪽 손 엄지손가락으로 누르
자. 몇 번 반복해서 뭉친 근육을 풀어주자. 그다음에는 손을
90도로 세워서 측면부를 마사지한다.

간단히 할 수 있는 마사지로, 손가락과 팔, 어깨 주변에 피로
감이 느껴질 때 언제, 어디서나 할 수 있어 편리하다.

**근육 부위**

**엄지손가락 근육**
(엄지손가락 아래쪽)

### 1 엄지손가락 근육 한가운데를 문지른다.

엄지손가락 아래 부풀어 오른 부분을 왼
손 엄지손가락으로 골고루 문지른다.

### 2 측면부를 문지른다.

손을 90도로 세워 측면을 누른다. 약간
아프면서도 시원한 느낌이 드는 정도가
적당하다.

※ 왼손을 주로 사용하는 사람은 반대로 하면 된다.

# 상완, 복부 주변이 신경 쓰일 때

방법 1 **상반신 늘이기**

**근육 부위**

상완삼두근
(상완)

복횡근·복사근
(복부 주변)

대퇴사두근
(허벅지 앞)

사람이라면 누구나 자신의 몸에서 신경 쓰이는 부분이 한두 군데 정도는 있을 것이다. 그리고 그중에서도 특히 신경 쓰이는 곳은 복부 주변이나 허벅지, 팔뚝, 엉덩이 등일 것이다. 근막 스트레칭은 어디까지나 근막을 이완시키기 위한 것으로, 다이어트와 직결되지는 않는다.

하지만 근막 스트레칭을 계속하면 몸의 움직임과 혈액순환이 좋아지므로 근육의 활동량이 늘고 결과적으로 다이어트로도 이어지는 경우가 많다.

복부 주변, 팔뚝이 신경 쓰이는 사람은 해당 근막 스트레칭부터 시작해보자. 팔을 머리 위로 올리고 같은 쪽 다리를 한 발 뒤로 뻗는다. 전후좌우로 상반신을 구부리면 옆구리를 다양하게 자극하면 스트레칭 효과가 커진다. 팔을 바꿔 좌우 모두 하면 좋다.

**1** 평소대로 선다.

몸의 축을 바로 하고 평소대로 선다. 다리는 모으거나 어깨너비로 벌리는 자세 모두 좋다.

**2** 한쪽 팔을 머리 위로 올리고 다리를 뒤로 뻗는다.

왼팔을 머리 위로 올린다. 오른손으로 왼팔 팔꿈치를 잡으면서 왼발을 뒤로 뻗는다.

### ③ 오른쪽으로 구부린다.

팔꿈치를 누른 채 오른쪽으로 구부린다. 왼쪽 옆구리가 이완된다.

### ④ 오른쪽으로 구부린 상태에서 뒤로 젖힌다.

팔꿈치를 누른 채 상반신을 뒤로 젖힌다.

### ⑤ 오른쪽 앞으로 비스듬하게 구부린다.

팔꿈치를 누르고 오른쪽 뒤로 젖힌 상태에서, 상반신을 오른쪽 앞으로 비스듬하게 구부린다. 여기까지 끝냈다면 자세를 바로 하고 팔을 푼다. 좌우를 바꿔 반복하자.

잡아당기는 위치를 바꾸자.

### 팔꿈치를 누르는 위치를 다양하게 바꾸자.

왼쪽으로 돌아가려 하는 힘과 오른손으로 잡아당기는 힘이 서로 작용하여 상완 근막이 스트레칭된다. 팔뚝의 피부를 잡아당기는 느낌으로 확실히 눌러주는 것이 포인트다. 누르는 위치에 변화를 주면 부하가 각각 다르게 걸린다.

# 마치며

우리는 아무것도 더하지 않고 실오라기 하나 걸치지 않아도, 이미 가장 이상적인 존재로 태어납니다. 맹수처럼 날카로운 이빨이나 발톱을 가지고 있지는 않지만 예를 들어 몸이 가려울 때 가장 기분 좋은 강도와 각도로 자연스럽게 긁을 수 있으며, 감기에 걸렸을 때 체온을 올려 균과 싸우기도 합니다. 우리는 '스스로 기분 좋고 안정된 상태로 만드는' 균형을 본능적·기능적으로 습득하고 있습니다. 무의식중에 그 균형을 유지하는 셈인데, 이는 매우 훌륭한 능력입니다.

하지만 최근에는 이런 능력이 점점 희박해지고 있습니다. 제가 담당했던 사람 중에는 '다리 근육을 어떻게 펴면 좋을지 모르겠다', '몸이 부었는데 어떻게 하면 좋을지 모르겠다', '열은 나지만 약을 먹었으니 안심이다'라고 말하는 분들도 있었습니다. 이것은 '몸의 이상 증세와 나쁜 상태를 조정하는' 본능과 감각, 사고를 잃었기 때문이라고 생각합니다 (그렇다고 약이 나쁘다는 뜻은 아닙니다).

이 책은 다양한 상황에서 할 수 있는 생활 속 근막 스트레칭을 소개합니다. 책을 참고로 생활 속 근막 스트레칭을 계속하다 보면 '내 몸은 이럴 때 기분이 좋구나', '이런 동작으로도 근막이 스트레칭되는구나', '이렇게 하면 결과적으로 자율신경과 정신력을 조절할 수 있구나…' 등등 많은 것을 깨닫게 됩니다. 그 깨달음을 소중하게 여겨주시기 바랍니다. 이것이 '몸을 좋은 상태로 개선하고, 스스로 몸을 만들어나가는' 본능의 각성으로 이어질 것입니다.

근막 스트레칭은 많은 프로 운동선수도 실천하는 매우 효과적인 방법입니다. 책에 나와 있는 방법대로 실천해도 좋지만, 사람의 몸은 제각각 다릅니다. 어떤 근막 스트레칭이 잘 맞고, 어떻게 몸을 움직이고 사용할 때 가장 좋은지 스스로 발견하고 때로는 변화시키면서 자신의 것으로 만들어나가는 것이 중요합니다(또, 프로 선수가 근막 스트레칭만 하는 것도 아닙니다). 쉽고 짧은 근막 스트레칭을 따라 하면서 자신만의 '가장 좋은' 방법을 발견하시기 바랍니다. 이 책이 여러분에게 조금이나마 도움이 된다면 더없이 기쁘겠습니다.

노구치 게이타

# 노구치 게이타 · 히가시나카노 침구 접골원 스포츠 랩의 방침

'사람이 사람을 치료할 때는 그냥 치료만 하는 것이 아니라, 자신의 몸을 직접 마주하게 해야 한다'. 이것이 치료 방침이다. 환자나 선수의 몸과 기분을 항상 존중해야 한다고 생각해 지도자·부모·의학 측이 서로 소통하고 정보를 공유하면서 건강한 몸을 만들고 좋은 환경을 구축하기 위해 힘쓰고 있다. 또 이러한 과정이 선수의 조기 회복과 효과적인 복귀로 이어진다고 믿기에, 선수를 포함한 4자 간 연계에 적극적으로 나서면서 치료에 임하고 있다.

시술 면에서는 외상과 장애를 신속하고 깨끗하게 치료하는 기술과 참신한 사고력, 그리고 프로 선수의 손목 및 발목 부종, 장경인대염처럼 단축·유착으로 인한 통증을 1~2회 정도로 치료하는 기술로 정평이 나 있다. 또 치료 부위만 보는 것이 아니라, 그 사람의 몸과 움직임 자체를 정확하게 평가한 뒤 움직임의 질을 향상하는 지도를 축으로 환자에게 가장 필요한 침과 마사지법을 선택한다. 아무런 치료도 필요 없다고 판단할 때는 조언만 해주고 환자를 돌려보내는 경우도 있다.

## 담당 선수 및 기관

- 메이저리거, 올림픽 선수, 하코네 에키덴 마라톤 선수, 피겨 스케이팅 선수, 신체조 선수
- 오카모토 아쓰시(세이부 라이온스 투수)
- 리우데자네이루 올림픽에 출전한 오카다 구미코(빅카메라) 선수의 동작·트레이닝·치료
- NY 브로드웨이 댄스 센터에서 춤을 배우고, 소년대와 SMAP의 안무에도 참여한 프로 댄서 구로키 도모코(BROADWAY DANCE CENTER)의 종합 바디 케어
- 성우 곤도 다카유키(프리랜서)와 스가누마 히사요시(아오니 프로덕션)의 몸과 발성 케어
- 오쓰 리사(모델·레이싱 모델)
- 도쿄농업대학 제3 고등학교 육상경기부 메디컬 트레이너
- 세이부가쿠인분리고등학교 육상경기부 동작 향상 메디컬 트레이너
- 짓센가쿠인 중등부·고등부 배구부 트레이너·고문
- 도쿄농업대학 제2 고등학교 야구부 트레이닝·메디컬 트레이너 2006～2009년(2009년 고시엔 출전)
- 사이호쿠포니 윙즈클럽 트레이너·코치

**staff**

[제작]
훗토코 프로덕션
이토 에리코(伊藤惠理子)
모리타 우타코(森田詩子)
[본문 디자인]
가와기시 아유무(川岸歩)
디자인 제작실

[촬영]
가와카미 마스미(河上真純)
[본문 일러스트]
니카이도 치하루(二階堂ちはる)

[모델]
모치즈키 아야카(望月あやか)
이바 유타로(射場雄太郎)
[헤어 메이크업]
스기야마 에리(杉山英里)

움직이는 김에
**근막**
스트레칭

**초판 1쇄 인쇄** 2020년 10월 14일
**초판 1쇄 발행** 2020년 10월 21일

**지은이** 노구치 게이타
**옮긴이** 최정주
**감수** 아보 요시히사
**책임편집** 조혜정
**디자인** 그별
**펴낸이** 남기성

**펴낸곳** 주식회사 자화상
**인쇄,제작** 데이타링크
**출판사등록** 신고번호 제 2016-000312호
**주소** 서울특별시 마포구 월드컵북로 400, 2층 201호
**대표전화** (070) 7555-9653
**이메일** sung0278@naver.com

ISBN 979-11-90298-24-7 13590

ⓒ노구치 게이타, 2020

이 도서의 국립중앙도서관 출판예정도서목록(CIP)은 서지정보유통지원시스템 홈페이지(http://seoji.nl.go.kr)와
국가자료공동목록시스템(http://www.nl.go.kr/kolisnet)에서 이용하실 수 있습니다.
(CIP제어번호: CIP2020043289)